高新技术科普丛书（第4辑）

食品安全系指尖

——可追溯技术与应用

主编　陈勋良　林沅英

SPM 南方出版传媒
广东科技出版社 ｜ 全国优秀出版社
·广　州·

图书在版编目（CIP）数据

食品安全系指尖：可追溯技术与应用/陈勘良，林沅英主编. —广州：
广东科技出版社，2017.10

（高新技术科普丛书. 第4辑）

ISBN 978-7-5359-6789-3

Ⅰ . ①食… Ⅱ . ①陈…②林… Ⅲ . ①食品安全—安全技术—普
及读物 Ⅳ . ① TS201.6-49

中国版本图书馆 CIP 数据核字（2017）第 208046 号

食品安全系指尖——可追溯技术与应用

Shipin Anquan Xizhijian——Kezhuisu Jishu yu Yingyong

责任编辑：尉义明
装帧设计：柳国雄
责任校对：杨崚松
责任印制：彭海波
出版发行：广东科技出版社
　　　　　（广州市环市东路水荫路 11 号　邮政编码：510075）
http://www.gdstp.com.cn
E-mail: gdkjyxb@gdstp.com.cn（营销）
E-mail: gdkjzbb@gdstp.com.cn（编务室）
经　　销：广东新华发行集团股份有限公司
印　　刷：广州市岭美彩印有限公司
　　　　　（广州市荔湾区花地大道南海南工商贸易区 A 幢　邮政编码：510385）
规　　格：889mm×1 194mm　1/32　印张 5　字数 120 千
版　　次：2017 年 10 月第 1 版
　　　　　2017 年 10 月第 1 次印刷
定　　价：26.80 元

《高新技术科普丛书》（第4辑）编委会

顾　问：王　东　　钟南山　　张景中　　钟世镇

主　任：王桂林　　周兆炎

副主任：詹德村　梁加宁　汪华侨　薛　峰

编　委（按姓氏笔画排列）：

王甲东　区益善　冯　广　刘板盛

关　歆　李向阳　李振坤　李晓洁

李喻军　邹蔚苓　闵华清　张振弘

陈典松　陈继跃　陈勖良　陈超民

林　穗　林晓燕　易　敏　罗孝政

罗建新　姚国成　袁耀飞　黄文华

黄建强　崔坚志　翟　兵

本套丛书的创作和出版由广州市科技创新委员会、广州市科技进步基金会资助，由广东省科普作家协会组织编写、审阅。

序一
PREFACE

　　精彩绝伦的广州亚运会开幕式，流光溢彩、美轮美奂的广州灯光夜景，令广州一夜成名，也充分展示了广州在高新技术发展中取得的成就。这种高新科技与艺术的完美结合，在受到世界各国传媒和亚运会来宾的热烈赞扬的同时，也使广州人民倍感自豪，并唤起了公众科技创新的意识和对科技创新的关注。

　　广州，这座南中国最具活力的现代化城市，诞生了中国第一家免费电子邮局，拥有全国城市中位列第一的网民数量，广州的装备制造、生物医药、电子信息等高新技术产业发展迅猛。将这些高新技术知识普及给公众，以提高公众的科学素养，具有现实和深远的意义，也是我们科学工作者责无旁贷的历史使命。为此，广州市科技和信息化局（广州市科技创新委员会）与广州市科技进步基金会资助推出《高新技术科普丛书》。这又是广州一件有重大意义的科普盛事，这将为人们提供打开科学大门、了解高新技术的"金钥匙"。

　　丛书内容包括生物医学、电子信息以及新能源、新材料等三大板块，有《量体裁药不是梦——从基因到个体化用药》《网事真不如烟——互联网的现在与未来》《上天入地觅"新能"——新能源和可再生能源》《探"显"之旅——近代平板显示技术》《七彩霓裳新光源——LED与现代生活》以及关于干细胞、生物导弹、分子诊断、基因药物、软件、物联网、数字家庭、新材料、电动汽车等多方面的图书。

我长期从事医学科研和临床医学工作，深深了解生物医学对于今后医学发展的划时代意义，深知医学是与人文科学联系最密切的一门学科。因此，在宣传高新科技知识的同时，要注意与人文思想相结合。传播科学知识，不能视为单纯的自然科学，必须融汇人文科学的知识。这些科普图书正是秉持这样的理念，把人文科学融汇于全书的字里行间，让读者爱不释手。

丛书采用了吸收新闻元素、流行元素并予以创新的写法，充分体现了海纳百川、兼收并蓄的岭南文化特色。并按照当今"读图时代"的理念，加插了大量故事化、生活化的生动活泼的插图，把复杂的科技原理变成浅显易懂的图解，使整套丛书集科学性、通俗性、趣味性、艺术性于一体，美不胜收。

我一向认为，科技知识深奥广博，又与千家万户息息相关。因此科普工作与科研工作一样重要，唯有用科研的精神和态度来对待科普创作，才有可能出精品。用准确生动、深入浅出的形式，把深奥的科技知识和精邃的科学方法向大众传播，使大众读得懂、喜欢读，并有所感悟，这是我本人多年来一直最想做的事情之一。

我欣喜地看到，广东省科普作家协会的专家们与来自广州地区研发单位的作者们一道，在这方面成功地开创了一条科普创作新路。我衷心祝愿广州市的科普工作和科普创作不断取得更大的成就！

中国工程院院士　钟南山

让高新科学技术星火燎原

21世纪第二个十年伊始，广州就迎来喜事连连。广州亚运会成功举办，这是亚洲体育界的盛事；《高新技术科普丛书》面世，这是广州科普界的喜事。

改革开放30多年来，广州在经济、科技、文化等各方面都取得了惊人的飞跃发展，城市面貌也变得越来越美。手机、电脑、互联网、液晶大屏幕电视、风光互补路灯等高新技术产品遍布广州，让广大人民群众的生活变得越来越美好，学习和工作越来越方便；同时，也激发了人们，特别是青少年对科学的向往和对高新技术的好奇心。所有这些都使广州形成了关注科技进步的社会氛围。

然而，如果仅限于以上对高新技术产品的感性认识，那还是远远不够的。广州要在21世纪继续保持和发挥全国领先的作用，最重要的是要培养出在科学领域敢于突破、敢于独创的领军人才，以及在高新技术研究开发领域勇于创新的尖端人才。

那么，怎样才能培养出拔尖的优秀人才呢？我想，著名科学家爱因斯坦在他的"自传"里写的一段话就很有启发意义："在12~16岁的时候，我熟悉了基础数学，包括微积分原理。这时，我幸运地接触到一些书，它们在逻辑严密性方面并不太严格，但是能够简单明了地突出基本思想。"他还明确地点出了其中的一本书："我还幸运地从一部卓越的通俗读物(伯恩斯坦的《自然科学通俗读本》)中知道了整个自然领域里的主要成果和方法,这部著作几乎完全局限于定性的叙述,这是一部我聚精会神地阅读了的著作。"——实际上,除了爱因斯坦以外,有许多著名科学家(以至社会科学家、文学家等),也都曾满怀感激地回忆过令他们的人生轨迹指向杰出和伟大的科普图书。

由此可见,广州市科技和信息化局(广州市科技创新委员会)与广州市科技进步基金会,联袂组织奋斗在科研与开发一线的科技人员创作本专业的科普图书,并邀请广东科普作家指导创作,这对广州今后的科技创新和人才培养,是一件具有深远战略意义的大事。

这套丛书的内容涵盖电子信息、新能源、新材料以及生物医学等领域,这些学科及其产业,都是近年来广州重点发展并取得较大成就的高新科技亮点。因此这套丛书不仅将普及科学知识,宣传广州高新技术研究和开发的成就,同时也将激励科技人员去抢占更高的科技制高点,为广州今后的科技、经济、社会全面发展做出更大贡献,并进一步推动广州的科技普及和科普创作事业发展,在全社会营造出有利于科技创新的良好氛围,促进优秀科技人才的茁壮成长,为广州在 21 世纪再创高科技辉煌打下坚实的基础!

中国科学院院士 张景中

序三
PREFACE

南国盛开的科技之花

　　"不经一番寒彻骨，怎得梅花扑鼻香。"2016年是不平凡的一年，这一年凛冽的冷空气，让广州下起了百年难得一遇的"雪"，为我们呈现了一朵朵迎春盛开的科技之花。

　　"忽如一夜春风来，千树万树梨花开。"伟大的改革开放以来，广州在政治、经济、文化等方面都取得了迅速的发展，获得了骄人的成绩。城市面貌焕然一新，天上是晴空万里的"广州蓝"，高处是摩天高楼，地上是车水马龙，地下是地铁网络。高新技术的发展和应用，使人们的生活越来越美好，工作越来越便捷，生活也有滋有味，戴的是可穿戴设备，吃的是可追溯来源的安全食品，用的是3D打印科技，看的是新媒体技术，还有网络安全和精准医学为我们的生活保驾护航。

　　对于高新技术的认识来源，可以是多方面的，但普及高新技术的目的是在于促进多领域跨学科的合作交流，特别是要启发广大青少年投身于高新技术行业。因此，要在21世纪继续保持和发挥科技创新的领导作用，要广泛开展科普活动，发挥地区和人才优势，传播科学知识，介绍科技动态，既要深入，更要浅出，激发青少年学习兴趣。

　　"万点落花舟一叶，载将春色过江南。"由广州市科技创新委员会、广州市科技进步基金会资助，广东省科普作家协会组织编写、审阅的这套大型科普丛书，由各领域专业人才编写，选题为广大人民群众感兴趣的科技话题，紧扣当今新闻热点，内容丰富，语言生动，案例真实，兼顾了可读性、趣味性和实用性。这套科普丛书的出版，对于贯彻《全民科学素质行动计划纲要实施方案（2016—2020 年）》，强化公民科学素质建设，提升人力资源质量，助力创新型国家建设和全面建成小康社会，具有非常重大的意义。

"活水源流随处满，东风花柳逐时新。"祝愿广大读者能收获科技财富带来的精神喜悦，祝愿南国广州的科技之花永远盛开！

中国工程院院士　锺世镇

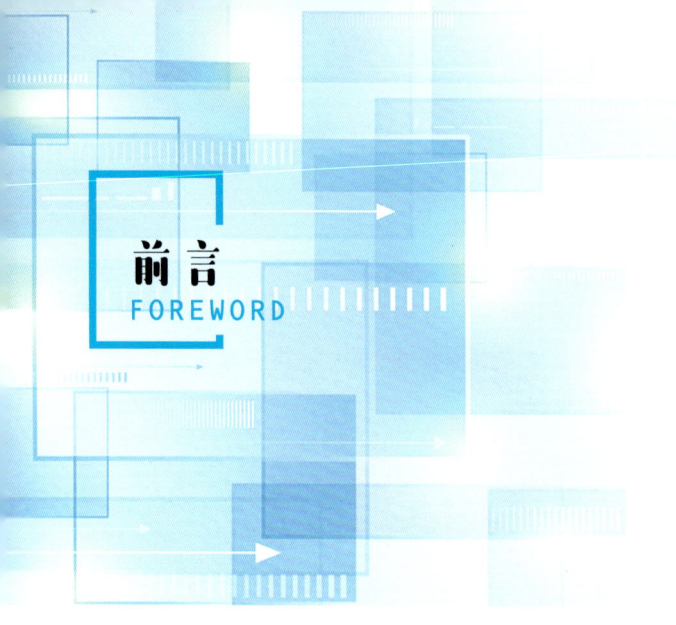

前言
FOREWORD

民以食为天，食以安为先，这是大家都懂的道理。在信息大爆炸的时代，有关食品安全的传闻很多，这曾让我们兴奋，但如今又让我们感到疑惑，甚至有些恐慌了。我们的食品安全吗？以"食在广州"为荣的广州人，自然也更关注食品的安全问题。

然而，并不是所有的信息都是正确或有益的，我们需要更智慧地捕捉和识别信息，挖掘和利用信息。2017年，国家七部委联合印发的《关于推进重要产品信息化追溯体系建设的指导意见》强调，要坚持兼顾地方需求特色、发挥企业主体作用、注重产品追溯实效、建立科学推进模式等基本原则，力争到2020年建成覆盖全国、统一开放、先进适用、协同运作的重要产品信息化追溯体系。此外，《2017年食品安全重点工作安排》强调用"四严"的标准，严把"从农田到餐桌"的每一道防线。

食品的供应链长，涉及生产、加工、包装、运输、仓储和销售等不同环节，每个环节都可能存在不安全的因素。为保障食品的安全，人们利用可追溯技术和各种新媒体技术，经过20多年的实践，逐渐形成了以政府主导推动为主，覆盖整个食品产业链条的上下游，并通过物联网进行信息共享，最终服务于消费者的食品安全可追溯体系。这个体系，可使政府、企业和公众都参与到食品安全的监管中来，从而保障食品的安全。

　　本书详细介绍了食品可追溯的技术和流程，并以牛奶、猪肉、蔬菜等常见食物为例子，深入浅出地介绍了可追溯技术是如何保障食品安全的。此外，还介绍了部分常见的食品追溯 APP，引导人们利用好身边这些既方便快捷、又能保证食品安全的工具。

目 录
CONTENTS

一　安全食品
知多少

索命美酒，惊醒多才"南唐王"

恍惚中小明貌似做了个奇怪的梦。在梦中，他化身南唐后主李煜，时而豪情万丈、吟诗作对；时而满腹忧伤、把酒言欢。有人呈上食盒，说是当今皇上御赐的补酒和点心，祝贺江南国主的生辰。他接过补酒一饮而尽，便招呼众人坐下，却见来者各个

伫立不动……突然他感觉腹中绞痛，如堕入炼狱般地痛苦，全身像被火烧一样，无论怎样挣扎也无法摆脱。这是毒酒！他恍然大悟，可为时已晚……小明拼命想喊，可怎么也喊不出一句话。迷迷糊糊中感觉有人在摸着自己的额头，耳边传来了轻轻地呼唤声："小明，小明，快醒醒。"小明大吃一惊，猛地睁开眼睛——我没死！这是在做梦啊！原来，小明在梦中穿越了，附身在南唐后主李煜的身上。而李煜，则被宋

太宗御赐毒酒毒死了！

　　话说小明，是农科院专家李巧的侄子，刚从老家考进了省实验中学，寄宿在李巧家。为了让小明尽快融进广州人的生活，趁着暑假，李教授带着小明在广州兜了个圈。他们不仅参观了广州好几个科普基地，还看了场具有岭南特色的粤剧。小明是在酷爱粤剧的奶奶家长大的，从小耳濡目染，也很喜欢粤剧。这次看的粤剧是《南唐李后主》，跌宕起伏的剧情、悦耳动听的唱腔、儒雅俊秀的扮相、潇洒大方的身段，剧中的李煜深深地吸引了小明。出了剧场，小明一路模仿剧中委婉忧伤的调子，吟唱起李煜的诗词来，像模像样的姿势赢来众人阵阵夸奖。回到李教授家中，小明立即"博览群书"，把有关李煜的诗词、书画统统研究了一遍，越研究，越觉得李煜有才。从此，小明一发不可收拾地喜欢上这个通晓绘画、音律、诗词的大才子皇帝……这不，就连做个梦，都穿越到了南唐，附身在李煜的身上了。

　　"午休睡得太久不好啊，赶紧起来吧。你看，我买了你最喜欢吃的蛋黄纯白莲蓉月饼哦。赶紧起来尝一尝吧。"李教授拿着一盘饼，逗着还躺在床上的小明。小明起身一看，不由地打了个趔趄。"又是饼呀！我不要！我不要！"深知小明近来对李煜有些特殊"感情"的李教授安慰道："小明，怎么了？你又梦到李煜了呀？别担心，这饼是贴有绿色食品标志的，不仅安全，而且还有营养，跟唐宋时的饼完全不同哦。"

　　不错，在这漂亮仿古包装的蛋黄纯白莲蓉月饼上，赫然印着绿色食品的标志。而这个标志，南唐后主李煜没有见过；当然，家住农村的小明，也从来没有留意过……

　　原来，李教授拿的是××酒家蛋黄纯白莲蓉月饼，是贴有绿色食品标志的食品。那么，这种绿色食品，真的很安全吗？

1 "三品一标"，安全农产品的标志

绿色食品，就是安全食品吗

安全食品是指按照一定的规程生产，符合营养、卫生等各方面标准的食品。

在我国，安全优质农产品是需要认证的。认证类型有：无公害农产品、绿色食品、有机食品和农产品地理标志登记共四种，简称为"三品一标"。贴上这些认证标志的食品，是经过认证管理部门认证评审，按照规定的技术规范生产，产地环境和产品质量符合国家强制性标准，并使用特有标志的安全农产品（食品）。由于这些产品对生产环境、生产过

程控制的要求更高些，所以价格也就高些。李巧拿的贴有绿色食品标志的 ×× 酒家月饼，正是这种安全食品。

此外，还有其他的安全食品。凡是生产、加工、运输等过程和产品质量都符合消费者和社会的要求，并经过权威部门认定，在合理食用方式和正常食用量的情况下，不会对消费者健康产生威胁的食品，就是安全食品。

安全食品是绝对零污染吗

答案显然是否定的。世界上不存在绝对不含任何污染物质的食品，食品是否有污染只是一个相对的概念。

在食品的安全指标中，包括致病性微生物、农药残留、兽药残留、生物毒素、重金属等污染物质指标，当这些指标在食品中的残留量符合食品安全标准规定（没有超标）时，我们就认为这些食品是安全的，但并不意味着这些食品没有污染物。

另外，无公害农产品，也并不是没有使用农药，而是按照国家规定的标准，合理、安全地使用了农药、化肥。如果生产环境不符合标准要求，即使不使用任何农药，也不是无公害农产品。

这样认识"三品一标"

"三品一标"是政府主导的安全优质农产品公共品牌，是当前和今后一个时期农产品生产消费的主导产品。

无公害农产品是指产地环境、生产过程和产品质量符合国家有关标准和规范的要求，经认证合格获得认证证书并允许使用无公害农产品标志的未经加工或者初加工的食用农产品。

绿色食品是指产自优良生态环境、按

照绿色食品标准生产、实行全程质量控制并获得绿色食品标志使用权的安全、优质食用农产品及相关产品。

有机食品是指在原料的生产和加工过程中，不使用化学农药、化肥、化学防腐剂等合成物质，也不使用基因工程技术，通过有机食品认证、使用有机食品标志的农产品及其加工品。

农产品地理标志是指标示农产品来源于特定地域，产品品质和相关特征主要取决于自然生态环境和历史人文因素，并以地域名称冠名的特有农产品。

"三品一标"尽管都是安全食品的标志，但各自要求的重点还是有所不同的。无公害农产品着重安全因素控制；绿色食品既着重安全因素控制，又强调产品品质营养；有机食品注重对影响生态环境因素的控制；而农产品地理标志则着重产品独特品质。

小知识

广州市农产品"三品一标"认证基本情况

截至 2016 年底，全市累计有无公害农产品产地 207 个，无公害农产品 280 个；全市有效使用绿色食品标志企业 23

家，产品 55 个；经中绿华夏有机食品认证中心认证的有机产品 11 个，有机投入品 1 个；农产品地理标志登记产品 1 个。

延 伸 阅 读

闻名遐迩的炭步槟榔香芋

炭步槟榔香芋（又名文岗香芋、炭步芋）是广州地区的名优土特产品之一，素以香、滑、粉的特点而久负盛名，深受广大消费者及食品加工业的欢迎。

广州市炭步镇文岗村种植香芋已有 500 多年的历史，在民间流传着不少有趣的故事。相传明朝的武宗正德皇帝、清朝的乾隆皇帝在品尝过文岗香芋后，都对它赞叹不已。话说乾隆皇帝当年微服下江南，途径文岗村，适逢村民为庆祝女儿添丁而大摆满月席，阵阵文岗香芋扣肉的香味吸引了乾隆皇帝。乾隆皇帝品尝后，高声大赞：真乃美味佳肴之极品也！

还有一个"浮水文岗香芋"的有趣故事。1943 年冬，文岗乡和南海官渡乡的农民合租木船运芋头，由于芋头堆放引起了混乱，为区别各自芋头，文岗乡村民想了个主意，把芋头全部倒进河里，神奇的是，一半芋头浮出水面，而这些芋头的重量，正好跟文岗乡芋头的重量吻合。从此，文岗香芋声名鹊起，大家都说："浮水者，香与粉之缘由也。"

原来，文岗村的泥质含磷、钾较高，出产的香芋个头大，粉而香，用来做菜，香气四溢，故又名"槟榔香芋"。炭步槟榔香芋是国家农产品地理标志保护产品，它的保护区域地理坐标是东经 113°6'~113°10'、北纬 23°15'~23°22'，保护区域位于广州市花都区炭步镇。

由于要求不同，食品安全的标准也有所不同。总的来说，可以从三个层次来衡量，即：数量安全、质量安全和可持续安全。

数量安全，即一个国家或地区能够生产民族基本生存所需的膳食数量，要求人们既能买得到又能买得起生存生活所需要的基本食品。

质量安全，指提供的食品在营养、卫生方面满足和保障人群的健康需要，不应含有可能损害或威胁人体健康的有毒有害物质或不安全因素。如何保障食品的质量安全，这是本书重点要介绍的。

可持续安全，这是从发展角度要求食品的获取，需要注重生态环境的良好保护和资源利用的可持续。

小知识

冒用"三品一标"的行为有哪些？

（1）不符合无公害农产品、优质农产品质量安全标准要求。

（2）未经认证的农产品。

（3）改变质量认证标志的适用范围。

（4）质量认证到期或被撤销后继续使用标志等。

延 伸 阅 读

广东省质监系统地理标志产品获批保护名单

所在县（区）	数量 / 个	产品名称
从化区	2	从化荔枝蜜、钱岗糯米糍
增城区	5	增城丝苗米、增城迟菜心、派潭凉粉草、增城挂绿、增城荔枝
萝岗区	2	萝岗糯米糍、萝岗甜橙
南沙区	2	新垦莲藕、庙南粉葛

注：此为广州市入选名单，其他城市略，数据截至 2016 年 12 月。

② 检测技术，让食品安全隐患无处遁形

骊姬设局，试食祸害无辜太子

春秋时期，晋献公的夫人骊姬想让亲生儿子奚齐成为太子，

便设局陷害太子申生。骊姬趁着晋献公外出时，派人把毒药放在太子申生献给晋献公的胙肉中，当不知情的晋献公要吃这块胙肉的时候，骊姬假意制止道：这胙肉是其他人拿来的，要检验一下才好。于是，骊姬把胙肉分了一些给狗吃，狗死了；再给身边的小臣尝，小臣也死了。骊姬马上假装悲切地对晋献公说，这是太子申生要毒害你这个亲生父亲啊！晋献公听了大怒，杀死了太子申生的老师，还迫使太子自杀……

　　这就是"骊姬夜哭"的典故。然而，从古至今，因试食而亡的人，除此故事中的小臣外，恐怕是数不胜数的了。

　　身为尊贵的帝王将相，尽管保护他的人众多，尽管采取的安全措施很多，也难逃厄运，有的甚至成为一代难解之谜。这不，清朝光绪皇帝的死因，也曾百年难解。然而，在现代先进技术和精密仪器的帮助下，研究人员对光绪皇帝的头发、遗骨、衣服及墓内外环境进行了反复的检验和缜密的分析研究，"轻而易举"地解开了这个百年难解之谜——原来，光绪皇帝是因"急性肠胃型砒霜中毒"而死的。

　　据悉，清朝的太医署供养着不少医术超群的太医，竟无一人能查出光绪皇帝的死因。这只能说是太医们"技不如人"啊！然而，在很久以前，人们并没有检测毒物的工具，而是用动物或者活人来进行"试毒"，如春秋时期骊姬投毒案中提到的狗和小臣，就是试食者。为了防备被人在饭菜中下毒，古代帝王甚至还设立了"膳夫""尝食监""尚食"等负责试食、却不必亲力亲为的职务。再后来，出现了用银针来验毒的办法。然而……

古代，银针真的能验出毒吗

银针试毒

　　宋朝著名法医学家宋慈，在他的《洗冤集录》中就记载了用银针验毒。在古代，人们所指的毒主要是砒霜，即三氧化二砷。然而，通常银不会跟砒霜起反应的，那银针又如何验毒呢？原来，古代的生产技术落后，砒霜里都伴有少量的硫和硫化物。当硫与银接触时，产生化学反应而生成黑色的硫化银，使银针变黑。古代皇宫的贵族们，喜欢用银器作为盛装食品，用银筷子、银调羹吃饭，他们正是根据这些银器是否变黑，来验证食品是否有毒的。

如今，现代生产砒霜的技术要比古代进步多了，提炼也很纯净，不再含有硫和硫化物。因此银遇到砒霜一般也不会变色了。这样一来，银器就再也验不出毒了。

那么，现在是怎样排查食品中的"安全隐患"呢？

现在，"安全隐患"是这样排查的

现代食品中的"安全隐患"，主要是指由于投入使用不合理，或产地环境、自身生长等原因，造成的农兽药残留、重金属超标、霉菌毒素、禽流感病毒等。目前，食品安全检测常用的技术主要有快速检测技术和实验室定量或确证检测技术两大类。快速检测技术有酶抑制技术、免疫学技术、生物传感技术和分子生物学技术等，实验室定量或确证的技术主要有光谱技术、色谱技术和质谱技术等。

由于鲜活农产品在市场上直接面对消费者，为及时发现问题，提高监管效率，通常采取快速检测的方法。这样既可增加样品的检测数量，扩大食品安全的控制范围，又与实验室检测相结合，确保了检测数据的准确性。

随着人们对食品中农药残留及食品的安全性问题的关注，快速、灵敏、准确的检测技术更能适应人类对健康和食品贸易的要求。如今，农药残留快速检测仪已广泛应用于各级食品安全监督监测部门、蔬菜生产批发基地、农贸市场和超市等领域的蔬菜、水果中农药残留检测。2016年，广东省人民政府将"在全省1 000家农贸市场开展食用农产品快速检测工作"列入省政府十件民生实事的一项重要工作任务，并于2016年7月1日全面启动。广东省参加快检的市场共计1 146家，其中，广州市有160家。

　　尽管如此，要想了解买到的果蔬的农药残留是否超标，不少人还是通过肉眼观察果蔬的外形是否完整、新鲜、有没有虫眼来判断。然而，有虫眼的菜就真的没有农药残留吗？

有虫眼的菜，真的就没农药吗

　　有人认为，有虫眼的蔬菜比外观完整的蔬菜更安全，说明没有使用农药。其实，这是一个误区。蔬菜有没有虫眼，并不能作为蔬菜是否安全的标志。有很多虫眼，只能说明曾经有过虫害，并不能表示没有喷洒过农药。有时，为了杀死害虫，菜农反而会向虫眼多的蔬菜喷撒更多的农药。因此，不能只看是否有虫眼来判断是否有农药残留。

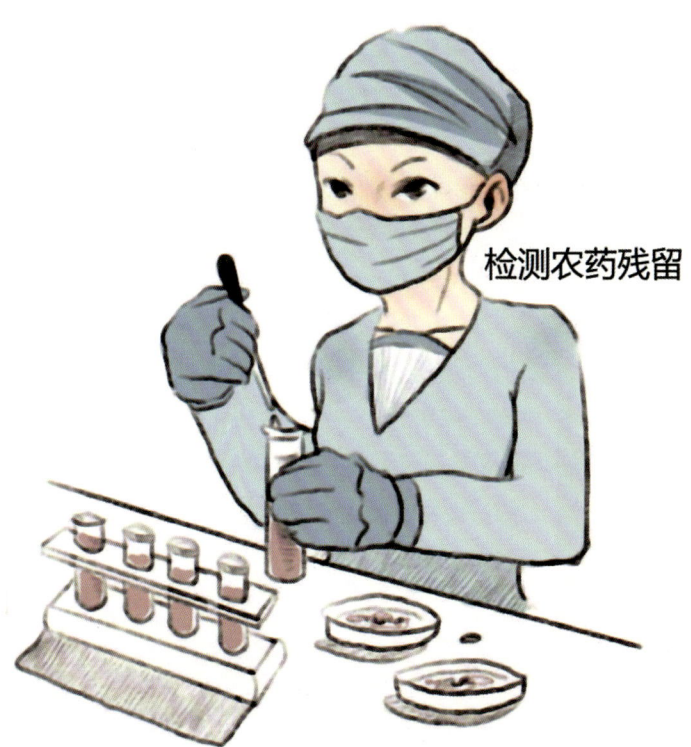

检测农药残留

要想准确地判断蔬菜质量安全是否符合相应的标准要求，一般来说，必须由有相应仪器设备等条件的检测机构，采用规定的检验检测方法，进行定量分析才知道的。然而，这对一般消费者来说，是很难实现的。

不过，通过一些简便的鉴别方法及途径，大家还是能买到相对安全的蔬果的。下面给大家介绍三个办法。

（1）尽量选瓜果类和根茎类果蔬

相比豆类和叶菜类来说，这两类果蔬农药残留量合格率会高些。

（2）选无异味的果蔬

多数安全的果蔬是新鲜的，没有腐败味和其他异味。如有萎蔫、干枯、损伤、变色、病变、虫害侵蚀等，则是异常的。

（3）选本身有特殊气味的

如茼蒿、胡萝卜、洋葱等原本有特殊气味的果蔬，相对来说，使用的农药会少一些。

小知识

除去果蔬上残留农药的方法

（1）流水冲洗加浸泡法。

（2）去皮法。

（1）清洗 　　　　（2）削皮

（3）流水冲洗加碱水浸泡法。

（4）加热法。

（3）加碱水

（4）加热

 延 伸 阅 读

农药残留快速检测技术

农药残留快速检测仪是利用残留农药对乙酰胆碱酯酶 (AChE) 活性有抑制，根据 AChE 活性受到抑制的情况，可判断出样品中是否含有有机磷与氨基甲酸酯类。农药浓度越高，抑制率越高。

此外，仪器还可通过测定酶与底物、显色剂显色反应变色速率，与空白对照比较求得酶抑制率，从而判定农药残留量是否超标。

快速检测的种类有：

种类	重点快速检测品种	重点快速检测项目
蔬菜	生菜、菜心、苦麦菜、白菜、芥蓝、芹菜、韭菜、西兰花、青瓜、茄子、四季豆、豇豆等	有机磷类农药、氨基甲酸酯类农药

（续表）

种类	重点快速检测品种	重点快速检测项目
水产品	鲫鱼、草鱼、黄骨鱼、鳜鱼、花甲、扇贝、白贝、淡水虾等	孔雀石绿、氯霉素、硝基呋喃类代谢物

3 可追溯系统：科学的管理机制

戴着耳环的"二师兄"

广州市科技创新委员会每年都会组织几次大型的"广州科普一日游"活动，向公众展示各种科技成果。小明参加科普游的第一站，是广州市农业科学研究院花都科普基地。

在基地生机盎然的科普展示大棚里，处处充满着现代农业的气氛，300多种新奇特的蔬菜、果树、花卉，让小明大开眼界。基地里充满"诗情画意"的生活激发了小明的劳动兴致，他主动挥动锄头、播下蔬菜种子，还积极地给同行人讲起了自己在老家做"小农夫"的辛苦感受……这一天，很累，但很充实。

晚上，小明做了个很舒服的梦。蓝蓝的天空上飘着朵朵白云。小明悠闲地躺在一望无垠的草原上。远处，牛羊们在吃着草，马儿在欢快地奔跑。不远处传来此起彼伏"呼噜噜"的酣睡声——原来，一群可爱的猪猪们在暖洋洋的太阳下睡着了。

突然，小明感觉手心痒痒的，脸蛋也暖暖湿湿的，睁眼一看：一只小鸡正在啄着他的手，还有一只可爱的小猪正摇曳着大耳朵舔着他的脸呢！小明用自己的智能手环靠了靠小猪——呵，又是你们！真的太调皮了！已经是第八次骚扰我了！原来，小猪耳环式的耳标暴露了它的身份——它是皮皮和丽丽的儿子……

猪 档 案

姓名：猪蓝蓝
生日：2016.5.5
品种：肉猪
生长环境：阳光、雨水充足、饲料健康的家庭农场

近年来，由于牛、猪、鸡等畜禽引发的食源性公共卫生危机在全球范围内频繁发生，对人类健康和公共安全造成了严重的威胁。动物卫生及防疫问题成为各国政府、食品企业及消费者的焦点问题。于是，动物标识和可追溯管理体系也应运而生。上文提到的小猪的耳标，就是这种动物标识。通过扫描耳标，人们便可了解这只猪的"家族史"。

在广州，除了猪，还有一种可查"家族史"的鸡，就是闻名业内、可溯源的江村黄鸡。

这张 IC 卡，能知种鸡的"前世"

广州市江丰实业股份有限公司是一家农业产业化国家重点龙头企业，在它的江村黄鸡育种基地里，每只种鸡都有"身份证"——在每个种鸡鸡笼上，都有一张对应的 IC 卡。而这些 IC 卡正是鸡的"身份证"，存有这只种鸡档案。如种鸡祖宗的遗传性状、现在的健康状态等。这就是江村黄鸡独一无二的"一笼一鸡一码"。通过这样的方式，技术人员把每只江村种鸡都写进了"族谱"。如今，这个"族谱"已可追溯到前 20 代的"老祖宗"了。

这个"族谱"是个好东西，它能帮助人们实现鸡的优生优育。技术人员根据选种的标准，从族谱中挑选出最好的公鸡与母鸡，再以人工授精的方式培育出品质优良的下一代。如此一来，经过千挑万选，江村黄鸡的品质便越来越好了，每一只鸡也都成了"名门之后"！

骄傲的大公鸡

这个耳环，可知二师兄的"今生"

前面提到的猪耳标，其实是一个电子标签耳标。就像每个人都有代表自己唯一身份的身份证一样，每只猪也有自己唯一的"电子身份证"，它的身份证号码就是"生猪号码"。而生猪号码就写在猪的耳标中。

如今，为了管理好猪的档案，每只猪的身份早在养猪场时就已经确定了。当仔猪出生后，养猪场管理员会在一定的时间段内，把每只猪的耳朵都装上电子标签耳标，从而建立起这只猪的电子身份证。随着生猪的不断生长，这只猪在养殖过程中所发生的很多重要信息，如用料情况、用药情况、防疫情况、健康状况等信息都将记录在这个电子身份证里。与此同时，这些信息经过采集，便可通过网络上传到系统监控及追溯管理平台。于是，主管部门工作人员通过平台就可以查询到这只猪的各项数据。于是，猪的现状便一目了然了。具体情况，我们将在后面的章节进行详细的介绍。

标志虽小，可查前世与今生

种鸡鸡笼上的 IC 卡、猪耳标这些标志虽小，功能却不小。通过这些标志，能识别产品的身份，如，可以了解鸡的前世，也可以了解这只猪今生状况。不仅如此，这类标志还是食品安全追溯系统中不可缺少的元件。

那么，什么是食品可追溯系统呢？

食品安全可追溯系统（food traceability system），是食品质量管理和危机控制中的一个重要武器。它的目的是为了实现"五可一有"，即：源头可追溯、生产（加工）有记录、流向可追溯、信息可查询、产品可召回及责任可追究。前三个是对食品安全追溯系统本身功能的要求，而后三项则是食品安全追溯系统所期望实现的目标。

（1）源头可追溯

指通过食品安全追溯系统，能追溯到生产食品的原材料相关信息，包括原材料产地信息和原材料生产过程信息等。

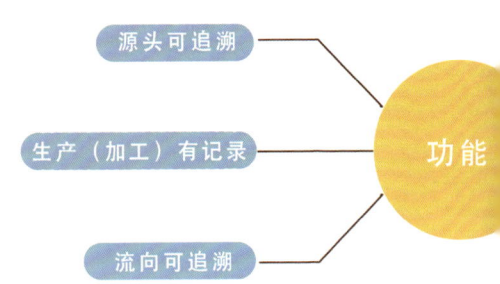

（2）生产（加工）有记录

涵盖了农产品和工业产品两个方面。农产品生产单位需要对农产品的生产过程进行记录，包括生产资料和生产过程信息，如饲料、化肥、农药等的使用情况。食品加工企业需要记录食品的原材料，添加剂及加工批次、加工过程和产品质检等信息。

（3）流向可追溯

指生产加工企业需要记录好食品的分销信息，包括批发商和零售商信息及物流信息，如运输车辆状况（是否为冷藏车）、运输路线和运输途中环境温度变化等。

（4）信息可查询

指消费者、企业管理人员、政府监管者可通过网站、电话、短信、置于卖场的触摸屏和手机 APP 等多种渠道，查询食品安全的相关信息，以及政府监管部门定期向社会发布食品质量安全信息。

（5）产品可召回、责任可追究

指当发生食品安全事故的时候，利用可追溯系统能够迅速找出发生问题的厂家、批次、销售企业，及时将问题食品进行封存、召回，查找

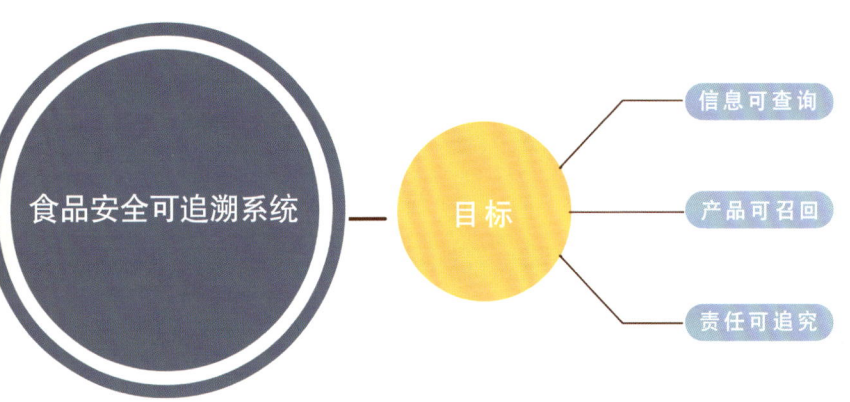

食品安全可追溯系统 — 目标

- 信息可查询
- 产品可召回
- 责任可追究

原因并追究相关企业的责任。

食品安全可追溯系统充分涵盖了食品原材料生产、产品加工、物流和销售供应链等环节，并通过对各环节业务流程的分析，提出食品追溯链各环节的质量关键控制点，构筑食品安全追溯链状体系。同时，利用现代化信息技术，获取食品追溯链上的相关信息，构建起一个包括食品生产过程、加工过程、储运过程和消费过程的食品安全信息管理系统。

通过溯源手段，监管部门可通过收集的大量数据，实现从源头到成品、再到销售的整体监管，并对企业的生产过程进行监控，在食品企业的任意一个可能出现食品安全问题的环节随机抽查，及时发现、处理质量安全隐患，促使企业良性生产，从而提高监管效率。而消费者则可以通过扫描产品上的二维码或者网上查询的方式了解产品的详细信息，从而对产品从原料到成品的生产流通过程有更直观的了解。

以中秋月饼为例，假如有两家企业都在生产纯正莲蓉月饼，要想了解哪家使用的莲蓉更纯正，消费者只需用智能手机"扫一扫"包装上的二维码，便可了解到这个月饼的所有信息，包括：莲蓉选材、生产加工、仓储运输及流通去向等。此外，在食品安全可追溯系统的平台上，还可以了解面粉、莲子、咸鸭蛋、糖等其他月饼原料的生产基地、供应商情况。

我国的食品安全可追溯系统研究，开始于 2002 年，目前仍处于示范、推广阶段。随着食品安全可追溯正式被加入到欧盟食品安全法中，为了适应国际化标准，确保出口贸易的顺利进行，2005 年国内一些领先的食品生产加工企业主动开始建立食品安全可追溯体系。2008 年后，可追溯技术被广泛应用于北京奥运会、广州亚运会、杭州 G20 峰会等大型活动的食品安全保障工作，至今已收获了不少成功的经验。

延 伸 阅 读

"中国食事药闻"微信公众号

"中国食事药闻"微信公众号是国家食品药品监督管理总局的官方微信。该公众号介绍食品药品监管的有关政策，发布"四品一械"（食品、药品、医疗器械、保健食品、化妆品）质量安全预警信息，开展科普解读，大家可以扫码关注！

"广东食品药品监管"微信公众号

"广东食品药品监管"可为社会公众提供食品、药品、保健食品、化妆品及医疗器械安全监管动态、新闻发布、政策法规、安全知识、办事指南、行政许可数据库查询、许可进度查询等服务类信息。

"广州社区FDA"微信公众号

"广州社区FDA"以食药安全为拳头产品，集视频、音频、

文字三位一体的传播形式，集《广州食品药品安全》社区资讯报刊内容的线上传播平台、广州食药安全多媒体搭载平台、广州社区 FDA 公益团队互动发展平台、广州社区 FDA 活动线上互动发布平台为一体，传播科学权威的食品药品安全资讯，为您的科学理性消费提供及时的指引。

"广东食品溯源" APP

"广东食品溯源" APP 是广东省食品药品监督管理局开发的食品电子追溯应用，可以对在广东生产以及流通的食品进行溯源。

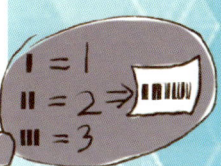

二 这样查，可知食品的"身份"

食品的"身份证"

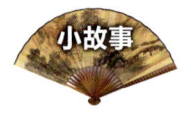
带证上市，扫码辨真假五常大米

日子一天天过去了，小明越来越喜欢广州了。在这里的一切都是那么的新鲜。这天，小明在上网浏览新闻时被一则来自黑龙江的消息吸引了他。报道中称，黑龙江五常市将在"北上广深"等一线城市开设线下五常大米旗舰店，并使200余万亩的大米全部进入溯源体系，实现五常大米全程可监控。

五常大米产于黑龙江省哈尔滨市五常市，素有"贡米"之称。由于受产区独特的地理、气候等因素影响，大米的干物质积累多，直链淀粉含量适中，支链淀粉含量较高，是一种品质比较好的大米，深受消费者喜爱。为了杜绝市场上的造假行为，五常大米建立了可追溯体系，通过"三确一检一码"——确地块、确种子、确投入品、质量检测、博码防伪，对五常大米实行全程溯源防伪。消费者通过手机扫描防伪码，可方便快捷地查询到这包五常大米的真伪及相关信息。

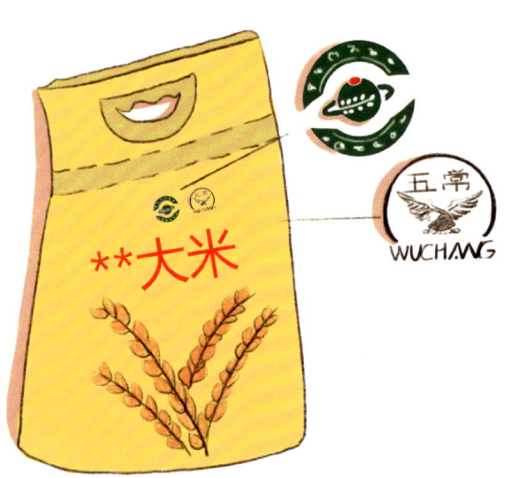

　　原来在 2016 年，五常市政府就发布了首款"大米防伪码"，也就是博码防伪技术标识，所有经认证的五常大米都贴了这个标识。而且在每包正品五常大米的包装上，还有个五常原产地标识，这是国家质量监督检验检疫总局颁发的五常大米"中华人民共和国地理标志保护产品标识"。此外，在五常市政府唯一官方指定的大米网站——"五常臻米网"上，对五常大米产地证明商标、地理标志保护产品标识的产品进行公示。消费者可以通过这些身份证明，鉴别真伪五常大米。一旦发现大米是假的，还可以在这个网上进行举报。

能追溯的标签

　　五常大米的这个"身份证"，其实是一个含有信息的"标签标识"。所谓标签，就是用来标志产品目标和分类等内容，便于查找和定位目标的工具。

　　这种标签并不新鲜。在很久以前，人类就开始使用标签了。为了区别各自放养的家禽，人们在家禽身上绑上不同颜色或符号的布条。这些布条，就是标签的雏形，可以说得上是原始的标签了。

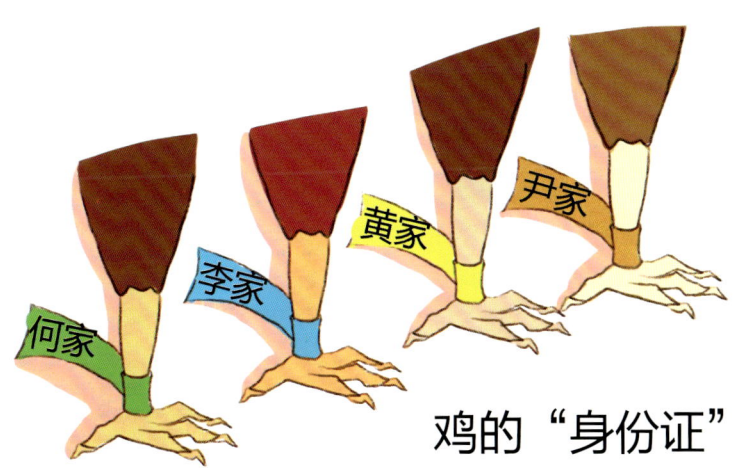

鸡的"身份证"

在现代，标签越来越多，标签所包含的内容也更加丰富了。一般来说，标签有实物标签、网络标签和电子标签等。这些标签通常包含一些产品的信息，如品名、重量、体积、用途、食用或使用方法、生产者或销售者，有的标签还含有产品的生产、质检、运输等信息。

在前面我们提到的种鸡的 IC 卡和猪耳标等动物上的标识，其实也是一种标签。在这些标签上，含有动物的饲养、运输、屠宰及动物产品的加工、储藏、运输和销售等环节的相关信息。通过记录这些信息，既方便消费者对产品进行选购，生产商又可实现对消费者的质量承诺，同时也向监管机构提供了监督检查的依据。这样一来，既保障了消费者的知情权，也为追溯提供了线索，在一定程度上实现了产品部分"身份"的追溯。

此外，人们还可通过条形码、射频识别等标签和相关技术，以及数据交换技术等，了解更多的信息。目前，食品安全追溯系统采取的主要技术就是条形码技术和 RFID 技术。

食品包装上的标签应有哪些内容

食品包装上的标签，属于实物标签。为了保障食品的质量安全和可追溯，《中华人民共和国食品安全法》规定：预包装食品的包装上应当有标签。

一般来说，食品包装上的标签，还应当标明下列事项：①名称、规格、净含量、生产日期。②成分或者配料表。③生产者的名称、地址、联系方式。④保质期。⑤产品标准代号。⑥贮存条件。⑦所使用的食品添加剂在国家标准中的通用名称。⑧生产许可证编号。⑨法律、法规或者食品安全标准规定应当标明的其他事项。

此外，专供婴幼儿和其他特定人群的主辅食品，其标签还应当标明主要营养成分及其含量。如果缺少其中任何一条标签内容，大家就要注意了。

明白消费看标签

为避免买到次品或不合格食品，在购买食品时，要注意查看包装上的这九项标签内容。下面，教给大家几种看标签的简单方法。

（1）看生产日期、保质期和贮存条件

在保质期内可以保证产品出厂时具备的应有品质，过期后产品品质可能会下降，故建议不要食用过了保质期的食品。同时，保质条件也极为重要，比如标明贮存的温度。

（2）看配料成分

对糖、盐、氢化植物油、鸡蛋、小麦、花生等配料可能会产生过敏或不良反应的某些特殊群体，购买食品时就要注意看配料成分了，比如说，对花生过敏的人，绝不能吃配料表中有花生的食品。

（3）看食品添加剂

看到带颜色的词汇，比如柠檬黄、胭脂红、苋菜红等，一般是色素；看到带味道的词汇，比如甜蜜素、阿斯巴甜、甜菊糖等，肯定是甜味剂；看到带"胶"的词汇通常是增稠剂、凝胶剂和稳定剂，常见的防腐剂则有山梨酸钾、苯甲酸钠等。

（4）看营养成分含量

对很多食物来说，营养成分是人们追求的主要指标。而对于以口感取胜的食物来说，就要小心其中的热量、脂肪、饱和脂肪酸、钠和胆固醇含量等指标。

（5）读懂食品配料表

食品配料表不同于成分表，没有食品中所含化合物、元素的种类及所占的分量，也没有各种原料、辅料、食品添加剂的实际加入量。通常排在第一位的加入量最多，排在第二位的加入量第二多，以此类推。但如果加入量小于2%(多数是指食品添加剂)也可以例外，不用按照递减顺序。

（6）食品标识不得标注的内容

当产品标签中标注了以下内容，肯定有问题。如：明示或者暗示具有预防、治疗疾病作用的，非保健食品明示或者暗示具有保健作用的，以欺骗或者误导的方式描述或者介绍食品的，附加的产品说明无法证实其依据的。

 **延 伸 阅 读**

标签的种类

标签按是否带胶可分为一般标签和不干胶标签，其中不干胶标签最为常见；按其存在形式可分为实物标签、网络标签和电子标签。

实物标签是用于标明物品的品名、重量、体积、用途等信息的简要标牌。有传统的印刷标签和现代条码打印标签。包括商品标签、图书标签、防伪标签、服装吊牌、登机牌、火车票、高速公路收费票等。

网络标签是一种互联网内容组织方式，是相关性很强的关键字，它帮助人们轻松的描述和分类内容，以便于检索和分享。比如百度百科使用的"开放分类"，也是标签的一种表现形式。

电子标签（RFID）又称射频标签、应答器、数据载体，是一种提高识别效率和准确性的工具。RFID 射频识别是一种非接触式的自动识别技术，它通过射频信号自动识别目标对象并获取相关数据。RFID 技术可识别高速运动物体并可同时识别多个标签，操作快捷方便。

2 借助条码，可识别食品"身份"

箭牌口香糖，最早用上条形码

最早的条码标识，叫科芒德码，是一位性格古怪的发明家"异想天开"发明出来的，他叫约翰·科芒德（John Kermode）。他想对邮政单据实现自动分拣，于是，在信封上做了个条码标记，即一个"条"表示数字"1"，二个"条"表示数字"2"，以此类推。

就像今天的邮政编码一样，这些条码中的信息，就是收信人的地址。不过，这个条码包含的信息量相当少，只能对 10 个不同的地区进行编码。不久后，科芒德的合作者道格拉斯·杨（Douglas Young）利用条之间的空的尺寸变化作了改进，便可对 100 个不同的地区进行编码了。

1949 年，全球第一个条形码专利由费城一家工科学校的两名研究生诺姆·伍德兰（Norm Woodland）和伯纳德·西尔沃（Bernard Silver）共同申请。基于摩斯密码的灵感，他们利用科芒德和杨的垂直"条"和"空"，并使之弯曲成环状，设计了一种像"射箭

约翰·科芒德

靶子"的全方位条形码。10 多年后，合适的激光技术出现了，条形码技术诞生了。俄亥俄州一名收银员手持激光扫描仪，第一次扫描 10 包箭牌口香糖上的条形码，实现了产品检索。从此，条形码开始了商用，变革了全球的商业活动，为消费者的超市购物节约了大量时间。

1970 年，出现了二维码。此后，随着 LED（发光二极管）、微处理器和激光二极管等的不断发展，迎来了新的标识符号（象征学）及其应用的大爆炸，进入了"条码工业"时代。

条码自动识别技术是以计算机、光电技术和通信技术的发展为基础的一项综合性科学技术，是信息数据自动识别、输入的重要方法和手段。条形码功能强大，输入方式具有速度快、准确率高、可靠性强等特点，在商品流通、工业生产、仓储管理、信息服务等领域得到了广泛的应用。如今已知正在使用的各类条码有 250 多种。按维度划分，一般分为一维条码和二维条码。

简单实用的一维码

一维码是目前国内最常见的条码，它是由一组粗细不同、按照一定的编码规则（码制）编制而成的平行线条图形，以表达一组数字或字母符号信息的图形标识符。

EAN13

6 901234 567892

通用商品条形码一般由前缀部分、制造厂商代码、商品代码和校验码组成。前缀码是用来标识国家或地区的代码，如 00–09 代表美国、加拿大。45、49 代表日本。69 代表中国大陆，471 代表中国台湾地区，489 代表中国香港特别行政区。以条形码 6901234567892 为例，此条形码分为 4 个部分，从左到右分别为：1~3 位，对应该条码的 690，是中国的国家代码之一（690~695 都是中国大陆的代码）；4~8 位，对应该条码的 12345，代表着生产厂商代码，由厂商申请，国家分配；9~12 位，对应该条码的 6789，代表着厂内商品代码，由厂商自行确定；第 13 位，对应该条码的 2，是校验码。

虽然在日常生活中一维码比较常见，但一维码只能在一个方向（一般是水平方向）上表达信息，而在垂直方向则不表达任何信息。它的存储空间较小，一寸只能够存储十几个字符，在使用过程中还需与数据库连接，信息防伪和纠错能力也比较弱。随着科学技术的进步和发展，为满足实际应用需求，更高级的条码格式——二维码应运而生。

承载更多信息的二维码

能在水平和垂直方向的二维空间存储信息的条形码，称为二维码。二维码可以在有限的几何空间内表示更多的信息，用来满足千变万化的信息表示的需要。它是一种存储空间比较大，防伪性能比较高的条码，能存储汉字、数字和图片等信息，字符集不仅有数字、还包括特殊字符。常见的二维码，有正方形的，还有长方形的，如 PDF 417 码；颜色主要为黑白两色，但也有彩色的。有的二维码在正方形图片的四个角落上，印有更小的像"回"字的正方形图案。

随着我国市场经济的不断完善和信息技术的迅速发展，不知不觉中，二维码已经融入我们的生活，身边二维码出现的频率也越来越高：广告牌上、商品包装上、互联网网页上……随着国内对二维码的研究和需求的与日俱增，中国物品编码中心自主研发了一种具有自主知识产权

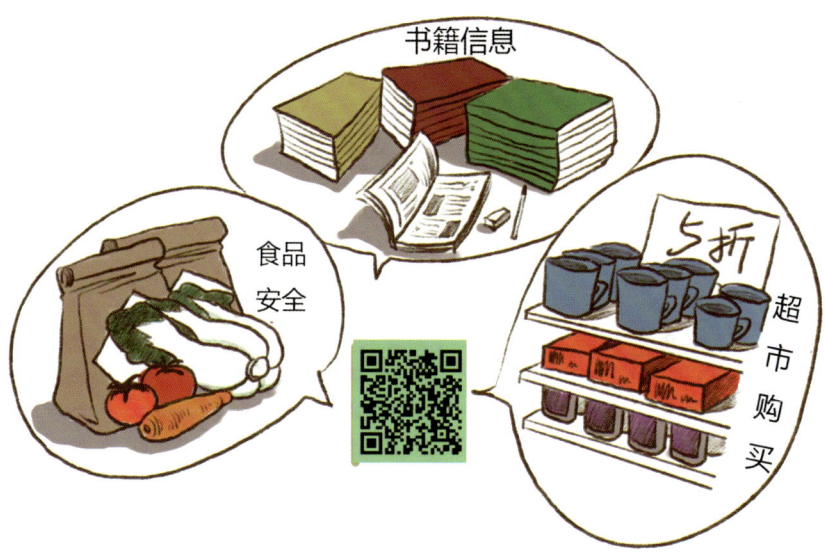

的二维条码——汉信码，从而打破了国外公司在二维条码生成与识读核心技术上的商业垄断，降低我国二维条码技术的应用成本，推进了其在我国的应用进程。

小知识

汉 信 码

　　汉信码是由中国物品编码中心研究开发的新码制，它在汉字表示方面具有明显的优势，具有汉字编码效率高、信息容量大（可以将照片、指纹、掌纹、签字、声音、文字等凡可数字化的

信息进行编码）、支持加密技术、抗污损和畸变能力强、修正错误能力强和可供用户选择的纠错能力等特点。目前，已应用在图书物流信息系统、铁路重要物资质量跟踪追溯系统、仓库散货管理中。

追溯码，你会不会"追"

如今，大多数我们能接触到的物品，都印有各式各样的条码。除了上述介绍的一维码、二维码，我们常在产品外包装条形码的上方或外包装的底部看到一串数字，这就是溯源号码。有了这些追溯码，想查询这些物品的底细，那就容易多了。一般来说，使用追溯码查询产品信息的方式，主要有以下4种。

（1）超市终端查询

一般适用于肉蔬类产品。记录下商品追溯码后，在超市追溯码查询终端上输入追溯码数字或扫描二维码，屏幕上商品的产地、生产厂家、发货时间、出货时间等信息一目了然。

（2）网络查询

登陆第三方平台或者是企业官网，输入数字形式追溯码即可。在国家食品（产品）可追溯平台网站上，可以通过选择输入"商品条码""商品条码＋批次号""追溯码"中的一个，点击查询即可。若追溯码为二维码形式，用手机微信扫描商品外包装的食品追溯二维码后，即可出现商品信息。

（3）短信电话查询

商家在包装上会印有一个联系方式，可以选择打电话或者发短信给商家客服来追溯产品信息。

（4）手机 APP 查询

目前，一些手机 APP 也可以追溯商品信息，如中国物品编码中心研发的"条码追溯"APP，进入"条码追溯"，可以"手动查询"，输入商品条码或者追溯码进行查询，也可以使用"扫描"功能，通过条码拍照扫描自动调用手机摄像头，对商品条码进行拍照，便能将拍摄内容解析成条码信息，从而查询到详细的企业信息、商品信息、诚信信息和预警信息等，还可进行投诉举报。

其中，通过诚信信息可以查看企业的不良记录及以往的投诉信息；预警信息则是消费者通过手机可以查询某一地区所有食品安全情况，或者某一个食品安全预警情况。若消费者购买了不合格食品，还可以通过手机采集相关证据，向追溯平台进行投诉举报，同时消费者可以查询该食品的其他消费者投诉信息来进行参考。

想让底细"手到擒来"，不妨留意下这些追溯码吧。

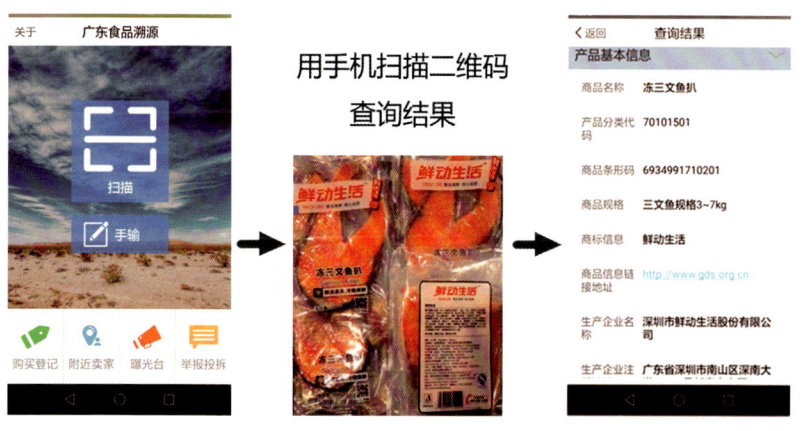

小 知 识

追溯码（溯源号码）的含义

溯源号码是由一长串数字组成的，与其他商品码或者设备型号一样，农产品溯源号码的每一个数字都代表着特定的含义。比如一个由22位数字组成的溯源号码，前四位是区镇编码，最后两位是企业认证类型码和批次号，如下图：

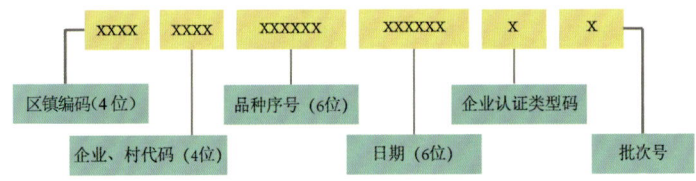

延 伸 阅 读

一维码和二维码的区别

各种条码的侧重点不同：一维码用于对物品进行标识，二维码用于对物品进行描述。从应用角度讲，企业要选择适合自身需求的条码。

类　型	一维码	二维码
信息密度、信息容量	信息密度低，容量小	信息密度高，容量大
错误校验、纠错能力	可通过校验字符进行错误校验，没有纠错能力	具有错误校验和纠错能力，可根据需求设置不同的纠错级别
垂直方向是否携带信息	不携带信息	携带信息
用途	对物品标识	对物品描述
对数据库和通信网络的依赖	多数应用场合依赖数据库及通信网络	可不依赖数据库及通信网络而单独应用

（续表）

类　　型	一维码	二维码
识读设备	线扫描器识读，如光笔、线阵CCD、激光枪等	对于行排列式的可采用线扫描器的多次扫描识读，对于矩阵式的仅能用图像扫描器识读
防伪效果	一般	较好

延 伸 阅 读

条码识别原理

光源发出的光线经过光学系统，照射到条码符号上面，反射回来的光经过光学系统成像在光电转换器上，使之产生电信号，电信号经过电路放大后产生一个模拟电压，它与照射到条码符号上被反射回来的光成正比，再经过滤波、整形，形成与模拟信号对应的方波信号，经译码器翻译为数字信号，而这个数字信号是计算机可以直接接受的。这样条码就可以被正确识别了。

不同颜色的物体反射的可见光的波长是不同的，如白色物体能反射各种波长的可见光，黑色物体则吸收各种波长的可见光，所以当条码扫描器光源发出的光经照射到光电转换器时，光电转换器接收到与白条和黑条相应的强弱不同的反射光信号，并转换成相应的电信号输出到放大整形电路。而整形电路的脉冲数字信号又可以通过译码器译成数字、字符信息。

条码识读设备

条码识读是将条码所表示的信息采集到计算机系统的过程，由条码识读设备来完成。

条码识读设备从操作方式上可分为手持式和固定式两种条码扫描器。手持式条码扫描器应用于许多领域，这类条码扫描器特别适用于条码尺寸多样、识读场合复杂、条码形状不规整的应用场合。固定式扫描器扫描识读不用人手把持，适用于省力、人手劳动强度大（如超市的扫描结算台）或无人操作的自动识别应用。

手持式条码识读设备

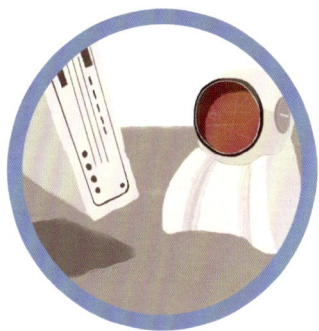

固定式条码识读设备

条码扫描器从原理上可分为光笔、CCD、激光和拍摄四类条码扫描器。光笔与卡槽式条码扫描器只能识读一维条码。激光条码扫描器只能识读行排式二维条码和一维条码。图像式条码识读器可以识读常用的一维条码，还能识读行排式和矩阵式二维条码。

3 凭借技术，可寻蛛丝马迹

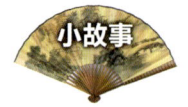

凭啥能"挂牛头卖马肉"？

春秋时期，齐国的齐灵公喜欢让宫女女扮男装供他观赏。一时间，后宫内外女扮男装盛行，后来，民间老百姓也渐渐流行了起来……

为此，齐灵公大为恼火，便下令：凡是发现民间有女扮男装的人，不管是谁，一律撕裂她的衣衫，斩断她的腰带，当街示众，并对她的丈夫一并处罚。消息传出，不但没有禁止这种现象，反而越演越烈。齐灵公只好找来晏子商量对策。晏子听后，便指着一家卖肉的店铺，对齐灵公说：大王，您看，那家店铺明明挂的是牛头，但实际上他家是卖马肉的。就像大王您，自己喜欢看宫人穿男装，却禁止民间的女扮男装，这种行为不就和这家肉店一样吗？表面是一个样子，实际上做的却是另一套。

原来，晏子认为，这种流行的源头在齐国的后宫，若想真正

禁止全国上下的这种仿效行为，就应该先从禁止宫中的女扮男装做起。齐灵公听了觉得有理，便立即去做，不久，齐国女扮男装的风气便渐渐停止了。

　　"挂羊头卖狗肉"这个成语就是"挂牛头卖马肉"这个故事慢慢演变而来的，说的是表面一套，背后一套，表面所表现出来的和实际上的完全不符。

　　宋朝释惟白《续传灯录》中记载："悬羊头，卖狗肉，知它有甚凭据。"是的，在古代，就算知道是用马肉充当牛肉来卖，也没有什么凭据来证明。而如今，我们可以采用各种技术手段，来判别肉的成分了！

例如，通过取样进行生物技术分析，从而鉴别这块肉是哪种生物的肉。

生物技术，让个体鉴别更容易

无独有偶，在《西游记》中，牛魔王曾变身猪八戒，把火眼金睛的孙悟空给骗了，拿回了芭蕉扇。在现实生活中，有一些不良商家"挂牛头卖马肉"的情况也时有发生。如 2013 年欧洲发生的牛肉制品中混入马肉的诚信风波；国内也有以狐狸肉冒充驴肉、羊肉，以假乱真。一些有经验的人，可能会从生肉的颜色、质地等外形来区别那块肉是哪类生物的肉。但如果生肉做成了肉制品，就很难区分了。

不过，大家也不用担心，在科技高速发展的今天，我们已拥有很多高新的技术，可鉴别各种食物的来源。如，提取食品的样本进行 DNA 分析，查看究竟是马的 DNA，还是牛的 DNA。此外，我们还可以通过蛋白质分析技术、脂质体技术等，轻而易举地判别这一块肉是猪肉、牛肉，还是羊肉了。还想"挂羊头卖狗肉"，恐怕就不行啦。

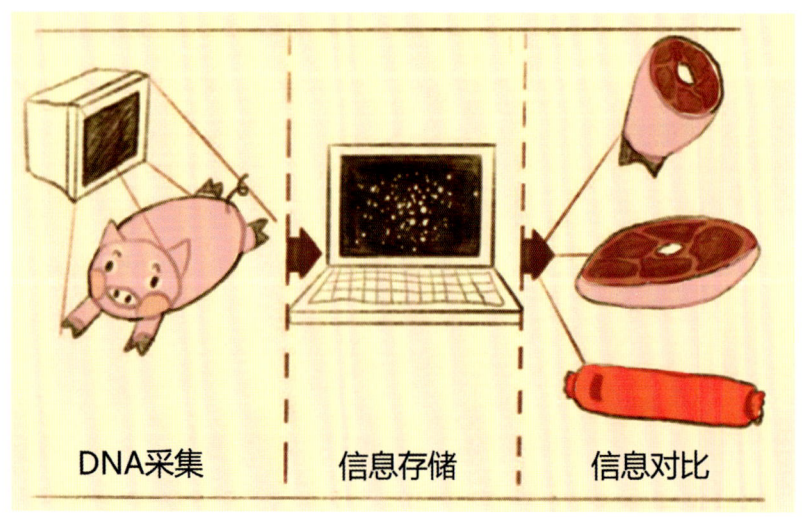

DNA采集 | 信息存储 | 信息对比

小　知　识

如何区别羊肉与猪肉

肉种类	肌　肉			脂　肪		气　味
	色泽	质地	肌纤维性状	色泽和硬度	肌间脂肪	
绵羊肉	淡红色、红色或暗红色、肌肉丰满，肉黏手	质地坚实	肌纤维较细短	白色或微黄色，质硬而脆，油发黏	少	具有绵羊肉固有膻味
山羊肉	红色、棕红色，肌肉发散，肉不黏手	质地坚实	肌纤维比绵羊粗长	除油不黏手外，其余同上	少或无	膻味浓
猪肉	鲜红色或淡红色，切面有光泽	肉质嫩软	肌纤维细软	纯白色，质硬而黏稠	富有脂肪，瘦肉断面呈大理石样	具有猪肉固有的气味

延　伸　阅　读

多种生物鉴别技术的应用

（1）稳定同位素技术

已广泛应用于区分动物的食物来源、食物链、食物网和群落结构及动物的迁移活动等。

（2）DNA 分析技术

已广泛应用于食品研究和食品控制领域。可以鉴定不同动植物种属和品系。这些技术敏感性较高，可用于分析复杂的样品，即使对于经过严格加工（如灭菌）的食品，DNA技术也是有效的。

（3）蛋白质分析技术

根据特异性蛋白图谱，蛋白质组学常用来鉴别动物种属、品种和品系。

（4）脂质体技术

脂质体成分和脂肪酸也可用来鉴别动物种属。

（5）虹膜识别技术

是基于眼睛中的虹膜进行个体识别的一项技术。目前，该技术主要应用于安防设备（如门禁等），以及有高度保密需求的场所。

人眼识别

RFID 技术，可自动识别目标身份

上述生物识别身份的技术，是需要提取部分产品的样品，进行DNA 等比对后，才能识别生物的属性。而通过 RFID 技术，可以不用提取样品，仅靠近距离接触产品，就能自动进行身份识别。

RFID 是 Radio Frequency Identification 的缩写，即射频识别技术，俗称电子标签。它属于非接触式的自动识别技术，能够快速地对物品进行识别和信息读写。

可能大家对 RFID 这个词很陌生，其实它早已"潜入"我们的生活，悄悄改变了我们的习惯，跟我们密不可分了。如有 NFC 功能的手机、二代身份证、门禁卡、公交卡及嵌有 IC 卡的银行卡等，都是带有 RFID 功能的设备。我们只需把这些卡在打卡机前轻轻一"嘀"，不需要接触，系统就能自动识别，并马上完成自动开门或自动缴费等指令了。

另外，如果大家坐车上过高速，也一定会在高速的出入口看到"ETC 通道"这样的字眼。ETC 全称是 Electronic Toll Collection，是高速公路上的"不停车收费系统"。它能一天 24 小时不间断地工作，其实它也应用了 RFID 技术，因此，也被称作 RFID 收费系统。

当安装了电子标签的车辆经过 ETC 车道时，车上的电子标签就会

跟该车道的无线天线取得联系，并通过无线专用短程通讯，把信息传给电脑。同时，利用计算机联网技术，即时与车主的银行账户联网进行后台结算，从该银行账户中扣除相应的道路路桥通行费，从而达到车辆通过路桥收费站时不需停车就能交纳费用的目的。这种便捷的系统，不仅减轻了收费员的工作负担，节省了人工成本，还大大提高了高速公路的运行能力，

自动缴费，畅通无阻

人工缴费，需要等待

改善了高速公路收费站拥堵的现象。

　　RFID 技术最大的优势是，能通过射频信号自动识别目标对象并获取相关数据，识别工作不需要人工干预，且与其他自动识别技术（如生物识别、磁卡、条形码、ＩＣ卡）相比，还具有防水、防磁、耐高温、使用寿命长、读取距离大、标签上数据可以加密、存储数据容量更大、存储信息更改自如等优点。

　　正因为这些优势，RFID 技术被人们广泛应用于工业自动化、商业自动化、交通运输控制管理等众多领域，在物资的生产、物流、跟踪和资产管理上发挥着重要的作用。如流水线自动化生产、安全出入检查、仓储管理、物品管理、停车场管理系统、车辆防盗、高速公路自动收费系统及交通监控系统等。

电子标签是如何被识别的

　　一套完整的食品安全溯源 RFID 系统，主要由射频标签、阅读器与应用软件系统三个部分组成。

　　射频标签是信号发射机，又称电子标签、应答器、数据载体。射频标签是系统的主要核心部件，大量的有关物品、人和器具的信息都存储在射频标签里。就像我们在前面提到的生猪的身份证——猪耳标，就是电子射频标签。

　　阅读器又叫信号接收机。通过天线与电子标签进行无线通信，提供与标签进行数据传输的途径，可以实现对标签识别码和内存数据的读出或写入操作，通过计算机及网络系统进行管理和传输。阅读器能发射出无线电波，能识别距离几厘米甚至几米之内的电子标签，并把其中储存的信息读出来。

　　应用软件系统，即计算机，是对阅读器传输来的数据进行处理的装置。通过数据处理，从而识别电子标签所代表的物品、人和器具的身份。在 RFID 系统中，阅读器与电子标签的所有动作都由应用软件来控制。

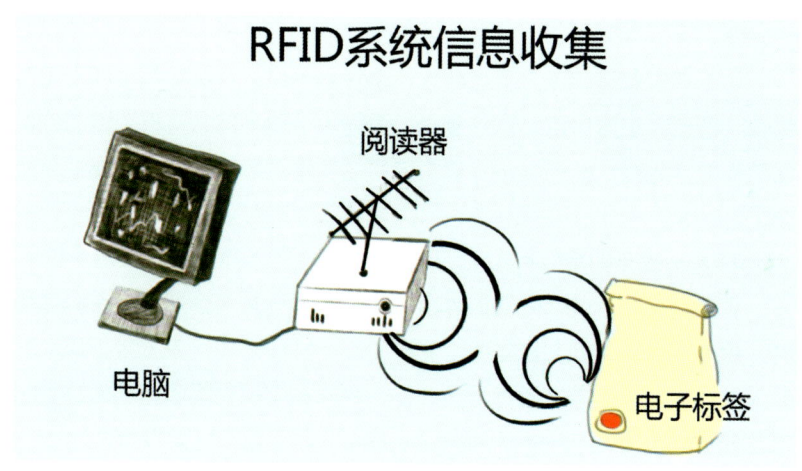

RFID系统信息收集

　　它们是这样工作的。当射频标签进入磁场后，接收到阅读器所发出的射频信号，凭借感应电流所获得的能量，发送出存储在芯片中的产品信息，或者主动发送出某一频率的信号。而阅读器读取到信息，对它进行解码后，再送到应用软件系统进行有关数据处理，这样，RFID 技术就可以识别出射频标签所贮存的信息了。

　　20 世纪 90 年代以前，计算机并不普及，为了便于管理，人们通常采用手工填写表格、卡片等方式来收集物品的资料。养猪场的种母猪档案管理，也是这样的。种母猪的档案分为母猪终生档案卡和母猪流动牌。档案卡上，手写记录着母猪的基本信息、生产明细信息和防疫登记信息。流动牌上，则记录着母猪在配种舍、妊娠舍、分娩舍等环节上的流动情况，当牌上的逐项数据手写填满时，就完成了一个繁殖周期。当母猪断奶后，再把流动牌上的数据收集整理，然后手写填到档案卡上进行归档。

由于手工管理阶段人员流动大，责任心不足，业务熟悉程度不同等缘故，导致人工效率低，信息量少，误差大。如果信息有误，追溯到出错源头非常困难。然而，当计算机应用在养猪业后，这些问题便迎刃而解了。

利用计算机对养猪业进行管理的系统，其实就是生猪可追溯系统。

生猪可追溯系统，主要分养猪场内和养猪场外两个部分。在养猪场时，饲养员通过 RFID 阅读器等采集设备，扫描猪耳标等生猪标识，并输入有关数据。再通过数据导入功能，将采集到的这些数据导入计算机系统。最后，通过应用软件系统生成报表、图表或分析结果等。

当生猪离开养猪场后，将历经屠宰、储存、运输和销售等多个环节，最后到达消费者的餐桌。在这些过程中，每头生猪或每块白条猪肉在系统中都有唯一的标识码，每个环节的管理数据也都输进了这个标识码中，这样一来，追踪档案数据便安全存储在可追溯系统中了。

同样，贴上射频标签的产品，从在工厂的流水线上开始，到被摆上商场的货架，再到消费者购买后结账，甚至到标签最后被回收，这些过程也是通过这种方式进行被追踪管理的。如此，无论何时何地，相关人员都能对产品进行监控了。

延 伸 阅 读

射频标签是怎样工作的？

射频标签相当于条码技术中的条码符号，用来存储需要识别传输的信息，通常安装在被识别对象上，存储被识别对象的相关信息。与条码不同的是，射频标签能够自动或在外力的作用下，把存储的信息主动发射出去。射频标签一般是带有线圈、天线、存储器与控制系统的低电集成电路。射频标签的存储容量是很大的，可以使世界上的每一种商品都拥有独一无二的射频标签。

射频标签的种类

根据射频标签读写方式可以分为只读型标签和读写型标签两种类型。在识别过程中，内容只能读出不可写入的标签是只读型标签。只读型标签所具有的存储器是只读型存储器。识别过程中，标签的内容既可被阅读器读出，又可由阅读器写入的标签是读写型标签。读写型标签可以只具有读写型存储器（如 RAM 或 EEROM)，也可以同时具有读写型存储器和只读型存储器。读写型标签应用过程中数据是双向传输的。

根据射频标签有无电源可分为无源标签和有源标签两种类型。标签中不含电池的称为无源标签。无源标签工作时一般距阅读器的天线比较近，使用寿命长。标签中含有电池的称为有源标签。有源标签工作时距阅读器的天线的距离较无源标签要远，需定期更换电池。

根据射频标签的工作频率可分为低频标签、高频标签和超高频标签三种类型。工作频率在 500kHz 以下的标签称为低频标签，如动物识别标签、行李识别标签等。工作频率在 500kHz 到 1GHz 的标签称为高频标签，如电子门票、门禁控制标签等。工作频率在 1GHz 以上的标签称为微波标签，

RFID记录商品信息

薯片
原产地
加工地
生产日期

如集装箱自动识别标签、高速公路不停车收费标签等。

射频识别技术与条码技术的比较

项　目	条　码　技　术	射频识别技术
读取数量	一次一个	一次多个
读取方式	直视标签，读取时需要光线	无须特定方向与光线
读取距离	近距离	几米到几十米不等

（续表）

项　目	条 码 技 术	射频识别技术
数据容量	储存数据的容量小	储存数据的容量大
识别能力	只能识别生产者和产品，不能辨认过期产品	可以识别到某一个产品的情况
读写能力	条码数据不可更新	电子数据可以反复被覆写（R/W）
读取方便性	读取时须清楚可读，要求看见目标	标签隐藏于包装内同样可读，不局限于视野之内

射频技术（大范围）

（续表）

项　目	条 码 技 术	射频识别技术
数据正确性	人工读取，增加疏漏机会	可自动读取数据以达追踪与保全
抗污性	条形码污染，则无法读取信息	表面污损不影响数据读取
不正当复制	方便容易	非常困难
读取速度	读取数据将限制移动速度	能高速读取资料

条码技术（近距离）

延 伸 阅 读

可点对点无线通信的 NFC 与射频识别技术的比较

　　NFC（Near Field Communication，近距离无线通信）是由 RFID 的基础上演变而来的，在单一芯片上结合感应式读卡器、感应式卡片和点对点的功能，能在短距离内与兼容设备进行识别和数据交换。

　　NFC 与 RFID 在本质上没有太大区别，都是基于地理位置相近的两个物体之间的信号传输。但 NFC 技术增加了点对点通信功能，可以快速建立蓝牙设备之间的点对点无线通信，NFC 设备彼此寻找对方并建立通信连接。点对点通信的双方设备是对等的，而 RFID 通信的双方设备是主从关系。

　　此外，NFC 相较于 RFID 技术，具有距离近、带宽高、能耗低等一些特点。

项目	NFC	RFID
频段	13.56MHz	低频（125~135KHz），高频（13.56MHz）和超高频（860~960MHz）及微波（1GHz 以上）均可
工作距离	小于10厘米	几米到几十米不等
应用范围	较窄，主要有非接触式支付、智能海报等	较广，包括门禁、公交、追踪、资产管理、生产物流等各个方面
安全性	更高	较好

三 食品安全可追溯的奥秘

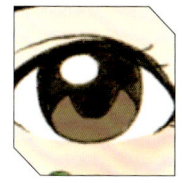

❶ 追溯体系，守护亚运食品安全

亚运餐饮赢赞誉，揭开溯源的魅力

自从上次参加了广州科普一日游，小明就一发不可收拾爱上了科普游。用他的话来说，不仅能学到很多知识、寓教于乐，还能免费旅游。这一天，小明进行了一次"豪华"的科普游——在

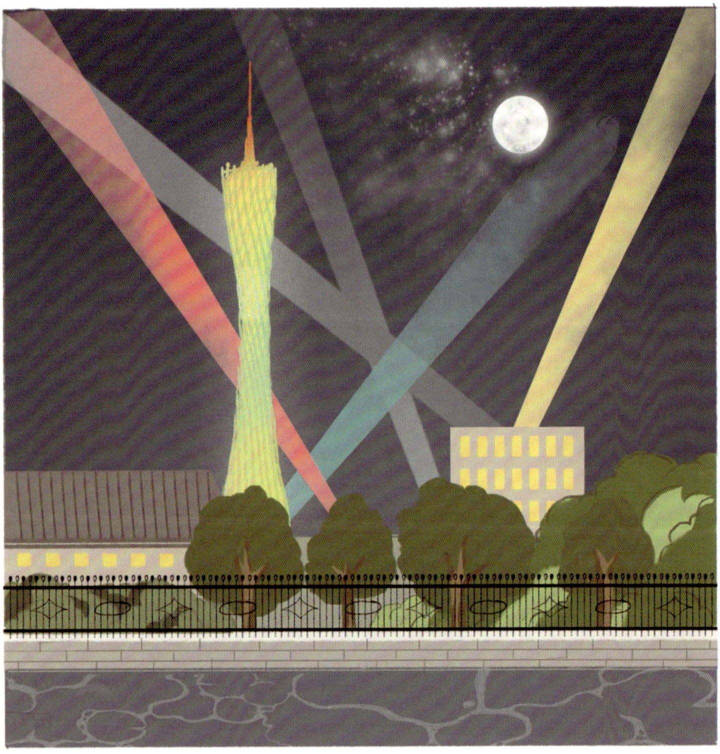

广州的城市中轴线上兜个圈。

来到广州塔时，夜幕已降临。夜幕下的广州塔犹如扭转细腰、回望珠江的美丽少女，顿时把小明迷住了。进入电梯不到1分钟，小明便登上了这座600米高的中国第一高电视塔，广州美丽的夜景顿时尽收眼底。远处，中信广场遥遥相望；脚下，海心沙正镭射出五光十色的光线——原来，这里正在开音乐节呢。海心沙是2010年举办第16届亚洲运动会开、闭幕式的地方。

话说这届亚运会，是历届规模最大的亚运会，有45个参赛国家和地区上万名运动员、技术官员参加。在这届亚运会上，中国不仅取得了很好的成绩，还受到了各国客人的一致好评。在比赛期间，广州人细致入微、热情周到的服务，为这支庞大的亚运会队伍有条不紊、安全快捷地提供了1万多吨食物和饮料，迎来了各国人民的阵阵喝彩。此外，亚组委还根据用餐者的口味、喜好和民族背景来设计菜单，同时由专门的团队提供专业的意见，跟运动员沟通、协商每日饮食的热量和营养的搭配，让各国运动员都有了宾至如归的感觉。

成功和美誉的背后，是广州人民辛勤的付出。这一切，都归功于广州人民重视了食品安全。一早，广州便制定了食品安全的相关规范，利用可追溯技术建立了一套可追溯的食品安全系统，同时还加强了各方面的监督力度，对供应运动会的食品进行了质量安全信息、规范和科学的管理，有条不紊地为"涉亚"人员提供安全的食品，从而保证了运动员们的饮食安全，使运动会得以顺利进行、圆满结束。

质量监控，为亚运保驾护航

为确保运动员们的饮食安全，广州作为主办方，对供应运动会的食品特别重视，采取各种手段加强食品的监控，以确保运动会期间不发生重大食源性疾病。

从 2007 年开始，广州就建立食品安全监管系统，将全市市场流通的食品信息、生产商、零售商等相关信息集中在一起，把 10 万余种包装食品、数百万条各类食品经营主体的数据进行录入、保存并及时更新。同时，对直接供应亚运会食品生产企业加大了监督力度，使销往赛区的食品安全和产品可追溯性有了保障。例如，所有"供亚"食品及原材料均经广州市政府检测部门抽检合格后，才提供给"涉亚"人员食用；所有供运动员食品及原材料均经大肠菌群、致病菌等微生物指标和食品添加剂、非食用物质、农兽药残留等化学指标检测合格后，才提供给运动员食用……

规范管理，保障食品质量

根据"亚组委"明确的供亚运会食品安全要求，广州制定发布了不少相应的规范和管理制度。例如，制定发布了亚运会食品标准清单 688 项，以及《亚运会食品安全执行标准和适用原则》等 13 项广州市地方技术规范。其中《食品生产溯源系统管理要求》高度规范了企业从原材料采购、产品生产、产品检验，到产品出货等各个环节的数据记录，确立了从原材料到成品的完整生产链管理，以达到实现产品的可追溯。

此外，在物流配送方面，还专门制订了《亚运食品物流配送安全保障管理办法》，并通过采取驻点、定员、定岗的监管措施，派出工作人员在农产品生产基地、食品生产加工企业、商场超市、物流配送企业、竞赛场馆及运动员酒店等场所，对亚运食品物流配送实行全过程无缝隙监控。

通过这一系列的工作，相当于给每件"供亚"食品都装上了 GPS（全球定位系统），使这些食品"来有影、去留踪、可追溯"，保障了这次亚运会的食品安全。

小　知　识

食品可追溯性的定义

　　欧盟、食品标准委员会从不同的角度对食品可追溯性（Food Traceability）、食品可追溯系统（Food Traceability System）做出了解释。

　　欧盟《通用食品法》(EC 178/2002) 对食品可追溯性的定义是"食品、畜产品、饲料及原料在生产、加工，及流通等环节所具备的跟踪、追溯其痕迹的能力"，认为食品可追溯系统是追踪食品从生产到流通全过程的信息系统，目的在于食品质量控制和出现问题时召回。

　　食品标准委员会对食品可追溯性的定义是"追溯食品在生产、加工、储运、流通等任何过程的能力，以保持食品供应链信息流的完整性和持续性"。

认证体系，确保食品安全

　　近年来，发达国家纷纷建立了从源头治理到最终消费的监控体系，以保障食品的安全。他们采用质量管理体系 ISO9000、HACCP(危害分析和关键控制点)、GAP(良好农业规范)、GMP(良好生产规范) 等食品安全控制技术，通过对食品的生产、加工环境进行控制，以保证食品在整个生产过程中免受可能发生的生物、化学、物理因素的危害，消除可能发生的危害。

　　食品可追溯系统的信息体系就是这样建立起来的。通过收集、整合食品从生产到消费全程各关键环节的信息，形成了可追踪的大数据。它

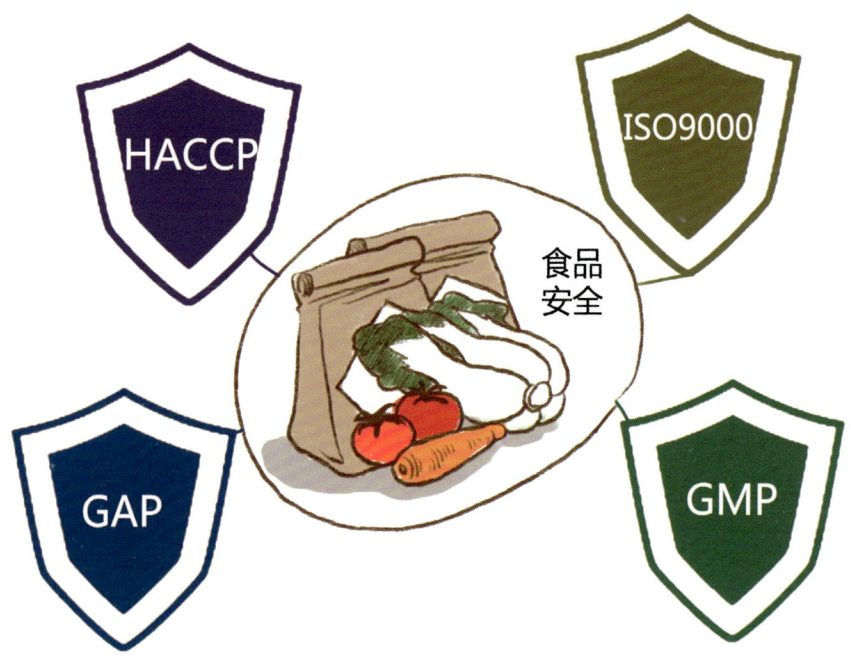

不仅对食品生产加工过程及质量安全信息实现了规范化的管理，还能方便消费者进行查询，政府职能部门进行食品质量安全监管、追责等。

如此一来，企业可以使用这些信息，监管部门和消费者也可以根据需要进行信息查询，从而解决了市场的信息不对称问题，也促进了食品安全水平的提高，也达到了可追溯的目的。

目前，我国已开始在食品种植、养殖和生产加工等领域逐渐推广应用 HACCP、GAP、GMP 等食品安全控制技术，以此来提高食品安全监控水平。

延伸阅读

四个认证体系

（1）质量管理体系（ISO9000）

ISO9000标准系列是国际标准化组织（ISO）在1994年提出制定的国际标准。其核心是ISO9001质量保证标准和ISO9004质量管理标准。它有两个重要的理念：一是对产品生产全过程进行控制，从产品原材料采购、加工制造，直至终产品销售，都应在受控的情况下进行，要想最终产品的质量有保证，必须对产品形成的全过程进行控制使其达到全程质量要求；二是预防，在产品生产全过程，始终建立预防机制，以促进生产的有效运行和自我完善，从根本上减少消除不合格品。

（2）危害分析和关键控制点（HACCP）

危害分析和关键控制点（Hazard Analysis Critical Control Point，HACCP）：是通过识别和评价食品在生产、加工、流通、消费等过程中存在的（包括实际存在和潜在的）危害，找出对食品安全有重要影响的关键控制点，采取必要的措施进行预防和纠正，降低危害发生的可能性，达到保障食品安全的目的。

HACCP的7个基本原理：

原理1：进行危害分析并确定控制措施。食品安全危害是指引起人类使用食品不安全的任何生物的化学的物理的特性和因素。危害分析：一个必须被控制的显著的危害，如果它有可能发生，将对消费者造成不可接受的风险。

食品安全危害主要来自于两个方面：与原料自身有关的危害和加工过程有关的危害。这些危害分为生物危害、化学危害和物理危害三大类。

原理 2：确定关键控制点。关键控制点是指能对其实施控制，并能预防、消除或把食品安全危害降低到可接受水平的操作单元、步骤或工序。

原理 3：建立关键控制点极限值。关键控制点极限值是用来保证安全产品的界限，每个 CCP 对显著危害因素必须有一个或几个关键控制点极限值。一旦偏离了关键控制点极限值就必须采取纠正措施来确保食品的安全。

原理 4：对关键控制点极限值进行监控。监控是执行计划好的一系列观察和测量措施，从而评价一个关键控制点是否受到控制，并做出准确的记录以备将来验证时使用。

原理 5：建立纠偏措施。当关键控制点极限值发生偏离时，应当采取预先制定好的文件性的纠正程序。这些措施应列出恢复控制的程序和对受到影响的产品的处理方式。纠正措施应考虑一下两个方面：更正和消除产生问题的原因，以便关键控制点极限值能重新恢复控制；隔离、评价以及确定有问题产品的处理方法。

原理 6：建立验证程序，以确认 HACCP 体系运行的有效性。

原理 7：建立有效的信息保存系统，所有与 HACCP 体系相关的文件和活动都必须保存下来。

（3）良好生产规范（GMP）

良好生产规范（Good Manufacturing Practices，GMP）是

贯穿食品生产全过程的控制措施、控制方法和相关技术要求的操作规范，GMP 通过制定详细的食品生产规程来解决食品生产中的主要质量和安全卫生问题，从而保障食品安全。

（4）良好农业规范（GAP）

良好农业规范（Good Agricultural Practias，GAP）是近年来发展最快的认证体系，它以能持续改进农作物体系的先进技术为载体，通过有害生物综合管理和作物的综合管理，以风险预防和风险分析（尤其是通过 HACCP）为基础，以食品安全、环境保护、职业健康 / 安全与福利、动物福利和可持续农业为目标，是在 HACCP 基本原理的指导下制定的技术规范。目前国际上通行的两种模式为 EUREPGAP（现在改名为 GLOBALGAP）和美国 GAP。

2　追溯功能，让食品"前世今生"现形

小故事

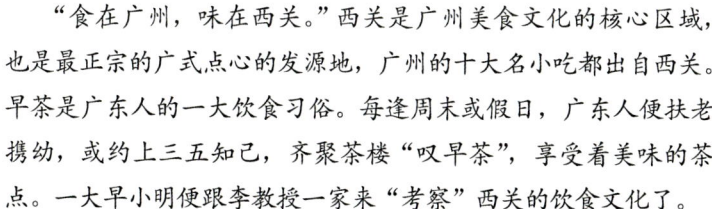

"食在广州，味在西关。"西关是广州美食文化的核心区域，也是最正宗的广式点心的发源地，广州的十大名小吃都出自西关。早茶是广东人的一大饮食习俗。每逢周末或假日，广东人便扶老携幼，或约上三五知己，齐聚茶楼"叹早茶"，享受着美味的茶点。一大早小明便跟李教授一家来"考察"西关的饮食文化了。

他们去的是位于西关的泮溪酒家。这是一家坐落在风光旖旎的荔湾湖畔，有着国家特级酒家、"中华老字号"称号的餐饮名店。酒家外围粉墙黛瓦、绿榕掩映，园内楼台殿阁、酒舫廊座，随时可见的假山鱼池、曲亭幽榭、回廊小径，荟萃了岭南庭园特色及装饰艺术精华，是广州三大园林酒家之一。1 000多年前，这里曾经是南汉王刘长的御花园——昌华苑的一角，"白荷红荔、五秀飘香"的荔枝湾说的就是这里。

周末的荔湾湖公园人来人往、熙熙攘攘，坐在酒家的游船上，却一点也不觉得吵闹。"叹"着早茶，吃着八大名点，聊着人生……把船划到湖心岛旁，靠着海鲜舫吃一碗正宗的艇仔粥，

荔枝湾大戏台传来清脆秀丽的粤曲《荔枝颂》：身外是张花红被，轻纱薄锦玉团儿……小明不由赞叹：如此人生，真是太美妙了！

不知不觉中，已经到了中午，大家索性在泮塘酒家吃了一顿丰盛的中午饭。外脆里嫩的大塘烧鹅、软嫩多汁的烧腊拼盘，还有皮爽肉滑的白切鸡……看着琳琅满目的美食，小明垂涎欲滴，大呼：日啖"泮塘白切鸡"，不妨长作岭南人！

泮溪酒家的前厅墙壁上，挂着一排液晶显示屏，这上面播放的不是电视节目，而是泮溪酒家正在忙碌的后厨情景。李教授告诉小明，这是广东率先提出并实施、闻名遐迩的"透明厨房"。为了取得食客们的信任，保证食品安全，酒家打破了"厨房重地闲人免进"的魔咒，将视频监控安装到厨房内，实况直播菜肴的制作全过程。通过这种"透明厨房"，食客们坐在餐厅或酒家包房里，便可直接查看厨师烹饪的实况过程和上菜的全程。近年来，"透明厨房"已在全国遍地开花。

"透明厨房"让消费者看到做菜的全过程，可以避免厨房黑幕。但要老百姓完全"吃得放心、吃得安全"，还需要控制好食材的安全。通过食品安全可追溯技术，可以让食材的信息公开化、透明化，让食品更安全。

食品安全信息，得靠追溯

一般来说，食品质量安全追溯技术主要包括两个部分：跟踪和溯源。跟踪，主要说的是信息向下游传递。而溯源，则是指信息向上游溯源。

在谍战片中，人们经常可以看到这样的镜头：特工们先把追踪器放在对手的身上或车里，然后通过与追踪器相连的手机或电脑等电子产品，就能清楚地了解到对手的所有行踪——这，就是追踪。

其实，我们在前面介绍的产品标签就正是这样的"追踪器"。当把

"追踪器"标签放进产品（原材料）时，这个产品就已在"严密"监控之下了。通过系统，产品的生产、加工、运输和销售等整个产业链上各个环节的相关信息，就都能查到了。

然而，食品标签这个"追踪器"比特工们的追踪器要厉害多了，它不仅可以正向跟踪，还可以逆向溯源。

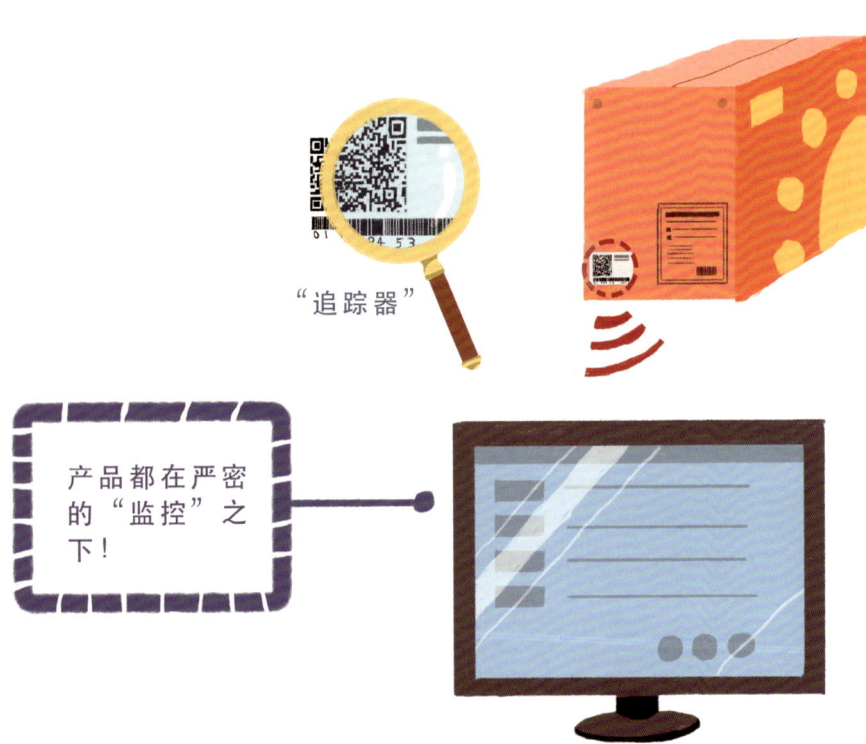

"追踪器"

产品都在严密的"监控"之下！

跟踪，洞察食品的流向

跟踪是指从供应链的上游至下游，跟随一个特定的单元或一批产品运行路径的能力。对于蔬菜等农产品，跟踪是指从种植过程到加工、包装、销售跟踪农产品的能力，这一点对于召回对人类健康有威胁的产品很重要。这种方法主要用于企业查找质量问题的原因，确定产品原产地等信息。

跟踪＝信息向下游传递

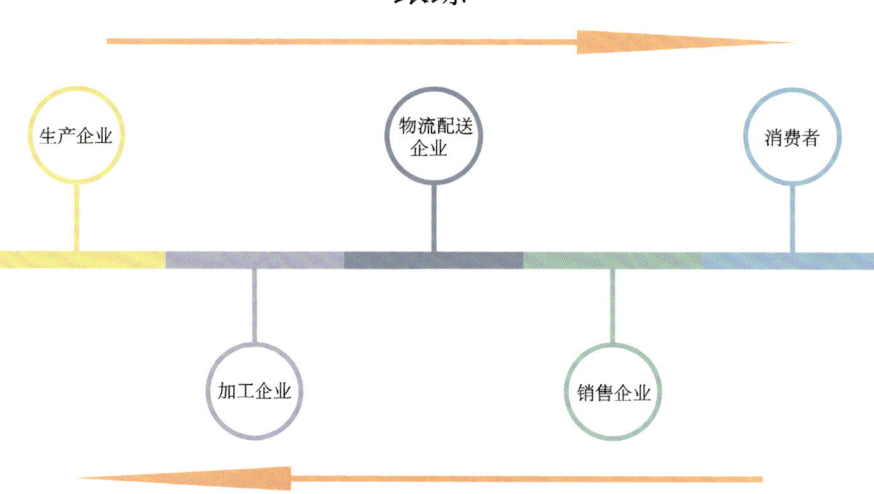

溯源＝信息向上游传递

在前面我们介绍了生猪的电子标签，这是生猪唯一的标识码，也是"追踪器"。通过这个追踪器我们能追踪生猪离开养猪场后的各个环节，从而实现了生猪的全程可追踪。如消费者可以通过手机或网络对购买的猪肉进行查询；当出现猪肉安全风险时，可追溯系统也通过手机或网络及时追踪到消费者。

溯源，寻找食品的源头

溯源是指逆流向河流的源头走，探索事物的由来本末。这里是指从供应链下游至上游，识别一个特定的单元或一批产品来源的能力，即通

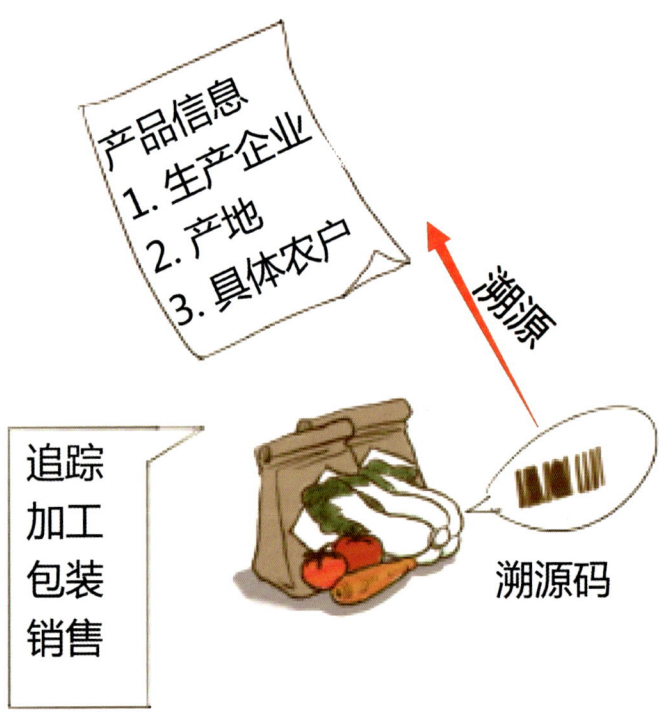

产品信息
1. 生产企业
2. 产地
3. 具体农户

溯源

追踪
加工
包装
销售

溯源码

过记录标识的方法回溯某个实体来历、用途和位置的能力。对于蔬菜等农产品，追溯是指消费者购买的或者在超市销售的包装成品回溯到其上游供应链各环节的能力。

从下游往上游进行溯源，如果发现购买的食品存在质量安全问题，可以通过食品标签上的溯源码进行查询，向上一层一层地进行追溯，查出该食品的生产企业、食品的产地、具体农户等全部信息，沿着食品供应链逆流而上查找出现问题的环节，并快速、准确地召回缺陷食品，从而降低食品安全危害。例如，当发生食用猪肉瘦肉精中毒事件或发生传染性疾病时，政府监管部门想要查找有病生猪或有毒猪肉的来源，消费者也想查询自己买的猪肉是否安全，为此需要从消费者或事件发生节点向养猪场方向追查。这时，通过生猪的电子标签这个溯源技术，就能做到了。

一般来说，追溯包括两种基本类型，即内部追溯和外部追溯。内部追溯系统主要用于企业内部各生产加工环节的信息记录，一般根据如HACCP的原理构建其追溯关键点，确定记录信息内容。而外部追溯则侧重食品供应链上下游不同责任主体的关联与信息跟踪与溯源。外部追溯和内部追溯只有相互配合才能实现食品的全程追踪和溯源。生猪在养猪场内的可追溯系统，就是内部追溯；而生猪离开了养猪场后的可追溯系统，其实就是外部追溯。

小　知　识

内部追溯与外部追溯

内部追溯是企业以内部生产流程为线索的跟踪、记录行为，目的是掌握食品在企业内部各生产加工环节的流动情况，并明确各环节责任人和关键指标，为企业内部责任定位与追责乃至外部产品追溯提供依据。因此内部追溯的应用对象是企业，更确切地说是食品生产链当中的责任主体。

外部追溯指产品因销售、加工等原因离开生产企业后的流向及行为信息的跟踪和记录，为政府监管、企业管理以及消费者对食品的追溯提供依据。因此，外部追溯是面向整个供应链的，其目标是记录并定位食品供应链中的责任主体，并能够将之关联起来实现信息追踪与溯源。

食品质量安全追溯技术，不仅能帮助消费者掌握产品的"前世今生"，还是食品质量管理和危机控制中的一个重要武器。它不仅可以为单方面服务，还可以为多方面服务——食品的生产企业、政府监管部门和消费者都可利用它去了解食品生产的相关信息。利用这些技术采集的信息建立溯源中心数据库，再通过数据交换和信息传播，就构建了整个食品安全可追溯系统。

延伸阅读

食安查 APP

食安查 APP 的数据信息来源于国家食品药品监督管理总局官网公布的国家和省级监督抽检数据库，主要包括 2014 年以来国家公布和各省级局纳入总局抽检数据库的食品安全监督抽检合格和不合格结果。进一步方便了公众和食品生产经营者及时查询抽检信息，提高了信息获取的可及性，提升了抽检数据的利用效率。

利用 APP 可以通过以下 3 种方法，让你放心吃吃吃！

（1）通过选择食品分类，查询到食品的抽检结果，例如：点击"乳制品"可列出该类产品的抽检结果。

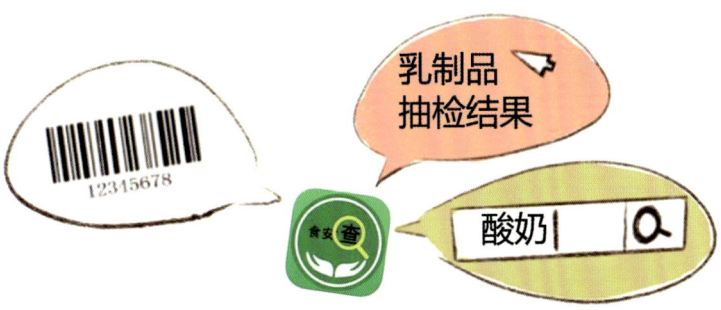

（2）通过输入食品名称，快速找到其查询的食品抽检结果，例如：输入"XX（品牌）"，可列出该品牌产品的抽检结果，或者输入"酸奶"可列出食品名称含有"酸奶"字样产品的抽检结果。

（3）通过扫描商品条形码进行查询。查询结果按照"抽检结果全部合格的产品"和"抽检结果出现不合格的产品"两个板块依序显示。

食安查 APP 已经正式上线，可以使用安卓和苹果系统的手机、平板电脑等下载、安装后使用，欢迎扫描二维码下载。

此外，也可以通过食安查网页版（www.foods12331.cn）查询。

3 追溯系统，让食品信息有据可查

指尖下的超市导购专家

广州市黄埔区的食品安全二维码追溯系统开通了，趁着假期李教授充当导购员，特意带着小明去超市体验了一下。只见李教授用手机扫了一下印在冬瓜包装上的二维码，只听见"滴"的一声，手机的"智慧眼"幕上就显示出很多信息。如，供应商名称：

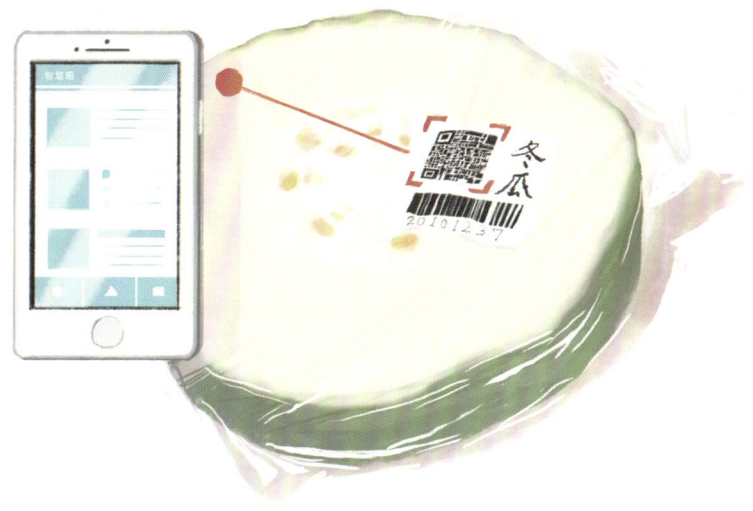

广州市××商业有限公司；地址：广州市黄埔区宏明路××商业广场；检测单位：深圳市××商业有限公司生鲜华南物流验收部；检测结果：合格……看到这些信息，小明笑道：做导购容易，做人难，要低调还真不容易啊！原来，这个二维码上居然还显示了各个环节中负责人的名字和联系方式。

如今，在黄埔区内的各大超市里，消费者只要下载了"智慧眼"APP，通过扫描打印标签上的二维码就可以查询到食品的追溯信息了。今天买的食物是哪里生产的？它是否可以放心食用？吃坏了该找谁？大家只需轻轻一扫食品包装上的二维码，就可以找寻到答案了。要查询食品信息，还可以通过商家配备的感知365查询终端、MINI查询终端等，只要将商品上的二维条码置于终端的扫描头前进行扫码，终端

就会显示商品的溯源信息。这样一来，家里的老人也会使用了。

李教授说，目前这些还不够。在未来，我们还将建立类似前些日子意大利米兰炒得很火的 Coop 未来超市，人们只要拿起果蔬，就立马能在屏幕上看到这个产品的所有信息。除了在超市里能了解到食品信息，通过人工智能、云技术等，在家中也可以轻而易举地了解到。

这样一来，未来超市不仅能把更多的商品信息提供给消费者，还能让消费者根据这些信息更理智地进行购买。正如 Coop 未来超市设计负责人卡洛·拉蒂所说：新科技及各种信息可以帮助我们和食物之间重新建立一种链条关系。而实现这个关系的，正是食品安全可追溯系统。

延 伸 阅 读

米兰的 Coop 未来超市

这是一家由麻省理工感知城市实验室设计、意大利食品市场巨头 Coop 建设的超市，2016 年底在米兰开业了，一时间轰动全球。这家超市跟其他超市很不一样，是一家未来超市。据介绍，超市里的食物不是像普通商场那么摆放的，而是同样原料的食物摆放在一起。如葡萄和葡萄酒放在一起，新鲜的西红柿和成罐的西红柿放在一个架子上。走近这个超市，你会看到在产品架的上方有一个巨大的"镜子"，当你触摸到某个商品时，通过传感器的感应，上方的"镜子"就会变成显示屏，里面会呈现出你所触摸商品的相关信息，如商品的产地、营养成分、生产过程等，告诉你商品背后的故事。

这是怎样一个概念呢？打个比方，当你在超市挑选西红柿时，你可能根据它的成熟度来判定是否要买，而无法知道西红柿的其他信息。如西红柿施了哪些肥，打了多少农药，什么时候从哪里采摘的……但是，在这家未来超市里，当你拿起西红柿时，上方反射屏幕的动作感应器和微软的Kinect体感器就会马上感应到，并在屏幕上显示出西红柿的营养成分、价格、生产过程使用的农药和化肥成分、潜在的过敏源及产品运输过程的细节信息。

信息三步走，组建可追溯架构

食品安全追溯系统整体架构可以分解成信息采集、信息处理、信息服务三个层面。

为了实现全供应链的追溯，需在系统建设中建立溯源中心数据库。溯源中心数据库的数据来源于生产、加工、流通和销售等各环节采集的信息，它们互通互联，能进行数据交换，从而组建食品安全可追溯系统的核心架构。

（1）信息采集

信息采集是按照 HACCP 原理确定食品安全可追溯每个环节的质量安全要素，在生产、加工、

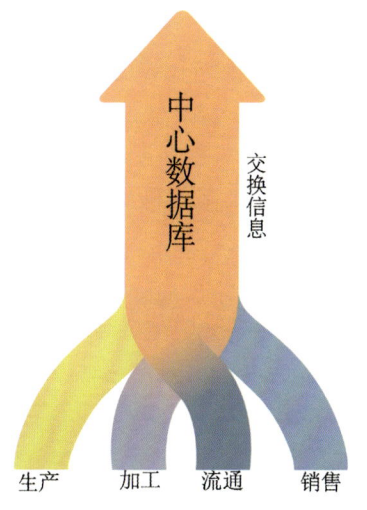

储运和销售各个阶段实现在线采集和记录，得到整个过程中有关的质量安全信息，为食品安全可追溯系统提供一定的数据保障。

例如，生产环节的环境信息，是通过集成温度、湿度、土壤 pH 等各种传感器的无线通信设备实现数据采集；加工环节的检测信息，则是

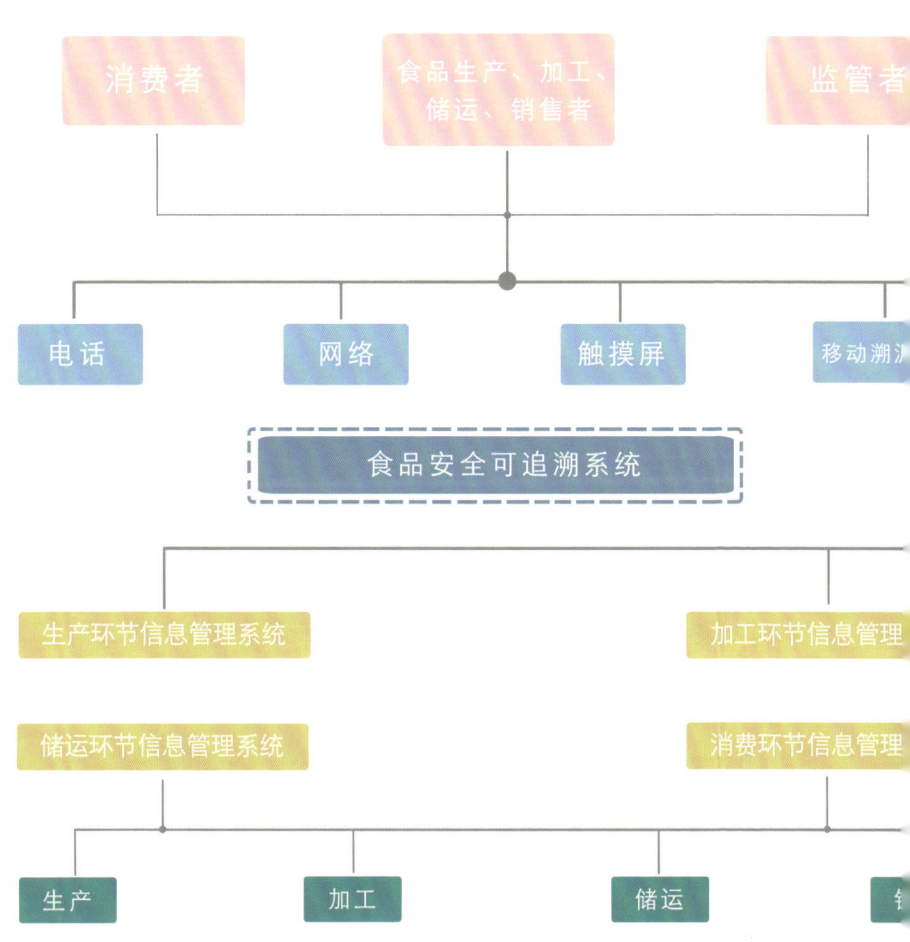

通过生物芯片或快速检测设备实现速测；物流配送环节的信息，如配送环境和车辆位置信息，通过集成环境传感器及 GPS 模块（如车载配送终端）实现实时在线监测，再通过研制带传感器的 RFID 标签置于运输载体中实现定时离线采集；仓储环节的环境信息，则可通过部署传感器网络实现实时监测。

（2）信息处理

信息处理是通过编码技术、数字化技术、信息交换技术，组成了对食品生产、加工、储运及消费环节的质量安全信息管理系统，这是信息处理层的主要组成作用，它能实现食品安全信息自产地至销售的有序、规范管理。

在信息交换、传输方面，根据不同传输网络的特点和不同应用场景的实际需求，分别采用无线传感器网络、电信网络、互联网及广电网等。生产环节中生产基地不同传感器的组网、采集节点与汇聚节点之间的数据交换，物流配送环节中车厢环境信息与驾驶室信息的信息传递，仓储环节中传感器之间的组网等均可使用无线传感器网络。

（3）信息服务

信息服务主要是建设食品安全可追溯平台，并利用移动追溯终端、通信手段、互联网及手机 APP 等多元化的手段向监管者、消费者提供食品安全可追溯信息咨询服务。

下面以生猪为例，给大家介绍一下这三个层次的信息是怎样组建系统架构的。

在养殖环节，仔猪出生后的一定时间段内，统一由养猪场给每头猪在耳朵上安装电子标签耳标，

● 信息服务

● 信息处理

● 信息采集

姓名： 朵朵

出生： 2017.9.2

品种： 肉猪

地址： 阳光、雨水充足、
饲料健康的家庭农场

"电子身份证"

建立每头猪的"电子身份证"。并将养猪场代码、批次号、圈舍号等标识性信息写入耳标内，同时将与每头猪对应的仔猪来源、父亲编号、母亲编号、品种品系、进场日期、出场日期、出场原因等信息统一也写入芯片中。

随着生猪的不断生长，利用读写器对耳标进行读写操作，记录养殖

过程中所发生的重要信息，档案记载的内容越来越多，如用料情况、用药情况、防疫情况和健康状况等信息，同时把读写器采集到的数据信息导入猪场养殖管理系统，并进行数据分析处理，供给企业管理人员使用。猪场养殖管理系统数据通过网络上传到监控及追溯管理平台。主管部门工作人员可以通过猪肉安全监管与追溯平台实现对养殖环节各项数据进行查询，从而实现实时监管和质量安全追溯。

生猪到达屠宰场之后，所有的数据信息都导入屠宰加工管理系统。屠宰完成后，将根据猪肉产品的位置、质量、大小进行分类分级，包装成物流单元，并利用养殖环节和屠宰环节传递过来的标识信息，生成新的标签。于是，标签中就包含了批号、包装日期、屠宰加工厂代码、原产地、养猪场代码等信息了。

六大管理系统，实现可追溯智能化

要实现智能管理与决策支持，需要通过构建面向供应链不同环节的应用系统。在我国，离不开这六个管理系统：种植养殖场管理系统、安全生产与加工管理系统、仓储配送管理系统、市场交易管理系统、质量安全溯源系统和质量安全监管系统。

（1）种植养殖场管理系统

通过面向养殖场或外购食品构建种植养殖场管理系统，从而实现基本信息建档标识、生长发育管理、饲养繁殖管理，以及防疫疾病管理等功能。

（2）安全生产与加工管理系统

通过面向生产与加工企业构建安全生产与加工管理系统，从而实现生产信息实时采集、不同包装单元编码标识、生产预警决策，以及产品品质分析等功能。

（3）仓储配送管理系统

通过面向物流配送企业构建仓储配送管理系统，从而实现产品品质控制、配送调度监控、仓储智能决策，以及冷链配送管理等功能。

（4）市场交易管理系统

通过面向批发零售企业构建市场交易管理系统，从而实现市场准入管理、交易主体识别、销售过程控制，以及电子交易管理等功能。

（5）质量安全溯源系统

通过面向消费者构建质量安全溯源系统，从而实现可视化溯源、条码识别、射频识别，以及短信溯源等功能。

（6）质量安全监管系统

通过面向政府职能部门构建质量安全监管系统，从而实现应急处理、认证监管、评价规划，以及现场监管等功能。

终端一查询，各方尽了然

食品安全可追溯系统的建立以政府主导推动为主，通过食品产业链上的各方参与来实现。食品安全可追溯体系的建立有赖于物联网相关的信息技术。其中参与的主体有：食品生产者、食品加工者、食品流通企业、消费者、食品监督管理部门及系统运行管理机构等。

通过食品安全可追溯系统，人们可以借助移动追溯终端、互联网及手机 APP 等终端设备，可查询到产品的任何底细，从而影响生产者、监管者和消费者的下一步的行动。如监管部门可以在管理平台上查询整个产业链的信息，一旦在平台上发现有不符合规范，便可以立即对企业采取相应的处理措施。企业在自己的管理平台上对产品生产过程实现全程监控，发现问题可以及时处理。此外，消费者也通过追溯平台或者二维码查看追溯产品信息，从而决定是否购买。

目前，查询的方式主要有：电话查询、网页查询、二维码扫描和微信公众号查询等。

消费者用得比较多的追溯形式，是通过手机等移动终端，对标签上的二维码进行扫描查询的方式。通过扫描，追溯结果便会直接在手机上显示出来。

此外，在追溯平台网站主页上输入标签上的追溯码，点击查询按钮，页面会直接跳转查看追溯结果，包括基地信息、农事记录、检测信息和用户评论。

二维码

网络反馈

短信追溯

食品可追溯系统的参与主体的职责

食品生产者：其职责是将种植环境、种植过程、养殖个体、养殖过程的信息，尤其是质量安全信息，录入到可追溯系统，并负责向食品链下游企业和数据中心传递相关信息。

食品加工者：其职责是将食品加工原材料、添加剂采购信息，食品生产过程的加工环境、加工人员、加工工艺、添加剂使用、产品质检等信息，以及最终产品销售的信息进行登录，并负责向食品链下游企业和数据中心传递相关信息。

流通企业：从事食品储存、运输的企业的职责是记录食品储存位置、储存环境、食品位移信息。对于需冷藏或冷冻运输的食品，尤其需要记录储存环境的温度、卫生指标等信息，并负责向食品链下游企业和数据中心传递相关信息。

话反馈

　　食品安全监督管理部门：对食品生产、加工和外部流通过程进行有效的监督管理和验证检查，对食品质量安全进行风险监测与监督抽查，并监控食品生产者与食品加工者全部录入数据的准确性，保证其真实性与有效性。

　　系统管理机构：负责可追溯系统的运行维护，为系统其他用户分配权限，进行系统用户录入信息的监控，实现质量安全信息的有效传递。

质量检测

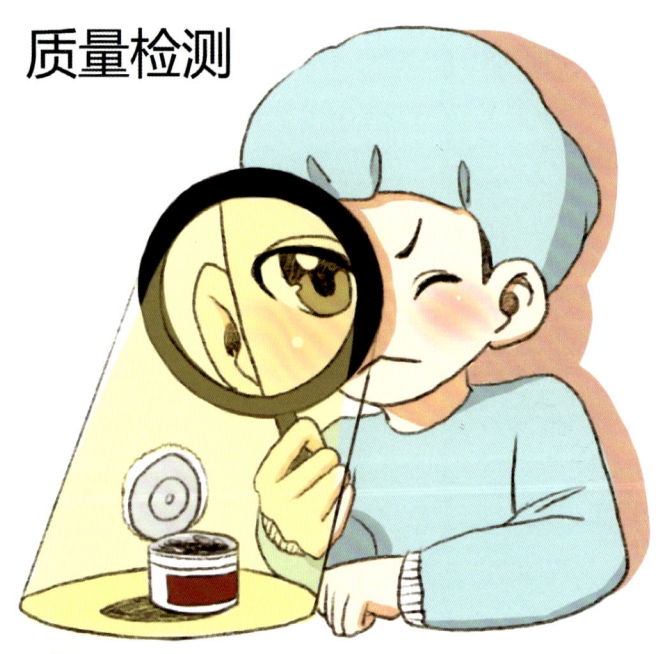

消费者：可以通过系统提供的多种方式对食品生产至销售全过程信息进行查询。

为了保障食品的质量安全，监管部门需要定期或不定期地开展食品质量安全监测活动。包括食品质量安全风险监测和食品质量安全监督抽查。

风险监测是指为了掌握食品质量安全状况和开展食品质量安全风险评估，系统和持续地对影响食品质量安全的有害因素进行检验、分析和评价的活动，包括食品质量安全例行监测、普查和专项监测等内容。作用是及时发现问题，为监管提供科学依据，指导食品生产经营企业做好食品安全管理，确定监督抽检的重点领域。

监督抽查是指为了监督食品质量安全，重点针对食品质量安全风险监测结果和食品质量安全监管中发现的突出问题，依法对生产中或市场上销售的食品进行抽样检测的活动。对检测出的不合格产品及生产者进行及时的跟踪处理。

粤菜里，烧乳猪、烧鹅是不可缺少的名菜，以往都是小作坊生产为主，卫生条件难以保证。现在，情况不一样了，番禺区大龙街在全市率先探索，建立了首家烧腊小作坊样板间，样板间位于番禺大龙街石岗东村中心市场，作坊内环境清爽干净、整洁，整个生产区域窗明几净，通风装置、仓储设施、洗手更衣、消毒灯、不锈钢工作台、烤箱等设备一应俱全。墙上还张贴着《食品生产小作坊基本管理制度》《生产加工人员卫生规范》，对着装、洗手消毒等都有详细规定。

食品检测

食品安全检测机构

　　此处食品加工小作坊区实行"围院式"管理，只有一个进出口，进出货物进行统一查验，全程视频监控，并建立统一的化验室，所有加工区内生产的食品必须经过化验室进行出厂检验，检验合格后开具销售票据才可销售。此外，出厂的食品凭票才能进入农贸市场、餐饮店等流通环节。消费者购买产品时，通过扫描销售票据上的二维码，还可了解该食品加工、销售全过程的信息。真是烧猪、烧鹅也新潮啊！

食品进入商店

旺旺熟食店

·12·

烧猪、烧鹅产品

　　入驻了烧腊加工小作坊的，由于持证经营，卫生条件、质量安全都有了较大的改善，因此得到了顾客认可，客户群体也高端化了，产品主要销往学校、大酒店，生意红火。

延 伸 阅 读

风险监测与监督抽查

为了保障食品的质量安全，监管部门需要定期或不定期地开展食品质量安全监测活动。包括食品质量安全风险监测和食品质量安全监督抽查。

风险监测是指为了掌握食品质量安全状况和开展食品质量安全风险评估，系统和持续地对影响食品质量安全的有害因素进行检验、分析和评价的活动，包括食品质量安全例行监测、普查和专项监测等内容。作用是及时发现问题，为监管提供科学依据，指导食品生产经营企业做好食品安全管理，确定监督抽检的重点领域。

监督抽查是指为了监督食品质量安全，重点针对食品质量安全风险监测结果和食品质量安全监管中发现的突出问题，依法对生产中或市场上销售的食品进行抽样检测的活动。对检测出的不合格产品及其生产者进行及时的跟踪处理。

食品安全法

四　常见的
可追溯食品

① 严管下的奶制品

"蓝蓝的天上白云飘，白云下面马儿跑……""风吹草低见牛羊"——这些，是我们对草原、奶牛最初的印象。

由于牛奶含有丰富的营养，对改善人民的饮食结构、提高人民的健康水平作用极大，于是，越来越多人喜欢上了牛奶，也越来越关注牛奶的质量安全了。

2016年，20国集团（G20）领导人第十一次峰会在中国杭州举行。为了保障各国首脑和政要们的安全，供应给峰会的食品都会接受严格的检查。尽管竞争如此激烈，在这次峰会上，金典有机奶还是大出风头，在众多产品中脱颖而出，最终成为本次峰会官方指定的牛奶。

你一定很好奇，金典有机奶是如何赢得了 G20 峰会组委会的认可，成为指定用奶的呢？

金典是如何成为"经典"的

原来，能够成为 G20 指定用奶，除了依托母品牌"伊利"强大的品质认知度外，更得益于金典有机奶对细节的把控、

品质的追求，以及其能"全程可追溯"带来的安心。通过扫描金典有机奶包装上的二维码，便可查询到这袋奶来自哪个有机牧场、原奶检验的结果如何、无菌生产过程怎样、成品检验是否合格，以及认证结果等详细信息。这套完整的追溯监管系统，使得牛奶生产者、加工者及政府监管部门都可以对牛奶进行层层有力地追踪和严格的质量监管，真正实现了"一奶一码"，确保了每一盒牛奶的品质安全。

饲料

牛奶生产流程

运输往工厂

鲜奶运输车

这套"奶源可追溯系统"，连接着牧场、生产加工与包装厂、仓储与运输环节、检验检测与监督环节、销售供货环节等的所有生产流通环节，利用数字化信息，便可对每一环节进行管理。由于所有的信息都在这个系统中，消费者既可以通过这个系统来追溯所有流程，也使追踪成为可能。

具体追踪操作是这样子的。当牧场把出产的鲜奶交予加工厂的时候，电子标签就记录了这批产品各个环节中的信息，如生产加工的日期、出产地、经手单位、监督单位，以及其他的品质参数等。再经过各个环节信息的汇集，最终展现在乳制品成品的标签上。通过这个标签，就能轻松地追查出产品的全程信息了。

而溯源操作则是通过登陆品牌的"奶源追溯"网页得以实现的，先在网页上输入这个电子标签上的数字，便可追溯这个奶制品从牧场养殖、生产加工、仓储流通及分销销售等每个环节的数据，包括生产日期、地点、经手单位、监督单位、品质标准等参数。通过这套追溯系统，既可避免手工记录和人工检验可能出现的疏漏，也让权责与标准更精确可查，一切信息都变得透明，消费者也可以放心购买了。

延 伸 阅 读

蒙牛的精选牧场奶可视化追溯系统

喝的牛奶是哪个牛产出的？工厂环境卫生吗？牛奶生产过程是怎样的？这些问题，爱喝牛奶的你都想过吗？有一天只要扫描一下包装盒上的二维码，就可以随时通过实时视频追溯到牧场奶牛和工厂的生产环境？这个可能吗？

蒙牛推出的精选牧场纯牛奶，只要用手机扫描包装盒上的二维码，便可将千里之外的牧场、工厂实时"掌"握，不仅仅看到文字、图片，还可以实时观看牧场、工厂生产过程的视频信息，足不出户就可以通过在线视频了解牛奶的生产环节，追溯到产品源头牧场的信息。

在这里，能了解奶制品的基本情况

广东省婴幼儿配方乳粉电子追溯系统（现已与广东省食品安全追溯系统合并）是全国首个覆盖奶粉加工、销售和消费全环节的质量追溯体系。通过这个系统，可以实现公众查询平台、监管平台及生产流通企业追溯等功能，通过这个系统也能了解到其中奶制品的基本情况。这究竟是怎样实现的呢？

原来，通过信息化手段，这个体系将生产商、进口商、批发商、总代理、分销商、零售商、监管人员及社会大众连接起来，形成监管链条。在这个系统中，广东省内的婴幼儿配方奶粉生产企业将奶粉的原料乳粉及辅料来源、原料乳粉和乳清粉等的批次检验数据、产品出厂检验数据，通过数据接口与溯源系统互相连接，并获得了信息共享。如果省外企业生产的婴幼儿配方奶粉想进入广东销售的话，也要按照一定的流程，加入这个追溯系统。

通过这个追溯系统，大家不仅可以了解到每一罐奶粉的生产、流通过程，还能查到这一罐奶粉目前所在的具体位置。如消费者可利用溯源平台或移动APP，通过扫描条形码或输入溯源码等方式，对奶粉的原料信息、生产信息、流通信息、销售终端等进行溯源查询。如果监管部门发现有质量问题，便可以对问题产品进行精准定位，督促企业产品下架、召回并查清源头。若消费者进行了购买登记，追溯系统还能同时自动发送短信迅速通知消费者。如今，美赞臣、雅士利、施恩等多家广东省内的婴幼儿奶粉生产企业已加入了该系统，并实现了一罐一码。

编号：003

扫码获取奶粉信息

购买牛奶时，要注意这些

市面上常见的液体乳有很多，如鲜牛奶、纯牛奶、酸奶、调制乳和含乳饮料等。

号：001

编号：002

编号002信息

号：004

鲜牛奶就是市场上常见的"纸质新鲜屋"盒装牛奶及瓶装牛奶，是仅以生牛乳为原料，经巴氏杀菌等制得的液体产品。其牛奶的营养成分损失较少，需冷藏保存，保质期较短，一般为 1~7 天。

纯牛奶是以生牛乳为原料，经灭菌、灌装等制得的液体产品。灭菌乳无须冷藏，保质期长达几个月，可常温保存。

一般来说，日常购买的鲜牛奶和纯牛奶，都不得添加食品添加剂。而风味发酵乳、风味酸乳、调制乳和含乳饮料中，会添加其他食品添加剂或营养强化剂等。小朋友爱喝的草莓牛奶、香蕉牛奶、巧克力牛奶等，一般都属于调制乳或含乳饮料，添加了增稠剂、食用香精和防腐剂等食品添加剂。

小知识

脱 脂 牛 奶

脱脂牛奶是把正常牛奶的脂肪去掉一部分，使脂肪含量降到 0.5% 以下，还不到普通牛奶脂肪量的 1/7。这里的脱脂牛奶指的是全脱脂牛奶，是相对于全脂奶而言的，介于两者之间的还有低脂牛奶。

由于脱脂的同时，一些有益健康的脂溶性维生素，如维生素 A、维生素 D、维生素 E、维生素 K 等也一起去掉了，因此，脱脂牛奶并不适合青少年饮用。适宜患有高血脂、高血压病、血栓、糖尿病、肥胖等人及中老年人饮用。

延 伸 阅 读

食品添加剂 ≠ 非法添加物

食品添加剂品类繁多，包括抗氧化剂、膨松剂、增稠剂、防腐剂、保鲜剂等。如油、盐、酱、醋，以及点豆腐用的卤水、炸油条用的明矾和小苏打都是食品添加剂，这些都有着悠久的历史了。

食品添加剂是在保证安全的前提下，能使食物变得更好吃、更好看、更有品质，其中也有部分食品添加剂具有一定的营养价值，如营养强化剂。由于已经批准使用的食品添加剂都是经过了安全性评价的，因此，含有法律允许添加的食品添加剂的食品，是不会危害人体健康的。当然，所有的食品安全都是涉及量的问题。如果拿食品添加剂当饭吃，那肯定也是不行的。

保障菜篮子的安全

蔬菜是人们日常生活中必不可少的食物之一。据统计，2015 年广州市的蔬菜生产面积达 218 万亩，产量约 369 万吨。如此繁重的菜篮子的安全监管任务，是怎样得以实现的呢？原来，早在 2007 年 6 月，广州市就按照先易后难、循序渐进、先抓试点、逐步推开的原则，开始了农产品标识的研究与示范工作。从易定型包装、易标识的蔬菜产品入手，经过不懈努力，取得了显著的示范效应。在广州亚运会期间，供亚运会的蔬菜基地均按要求使用了可追溯系统，并在每一个产品包装上贴

上了可追溯标签，实现了食用农产品 100% 的标识溯源、检测合格率达 100% 的成绩，为广州亚运会食品安全提供了有力的保障。

从田间到餐桌，好果蔬可以这样挑

现阶段，我国的蔬菜生产者主要分为农业组织（包括企业和合作社）和散户两种。农业组织是规模性种植，产量较大；散户虽然种植规模较小，但种植户多。农业组织生产出来的农产品主要供应批发市场、超市，或直供酒店；而散户生产的农产品一般会直接卖给菜贩子，也就是收购商，再由收购商卖到批发市场，接着卖给零售商，最后到达消费

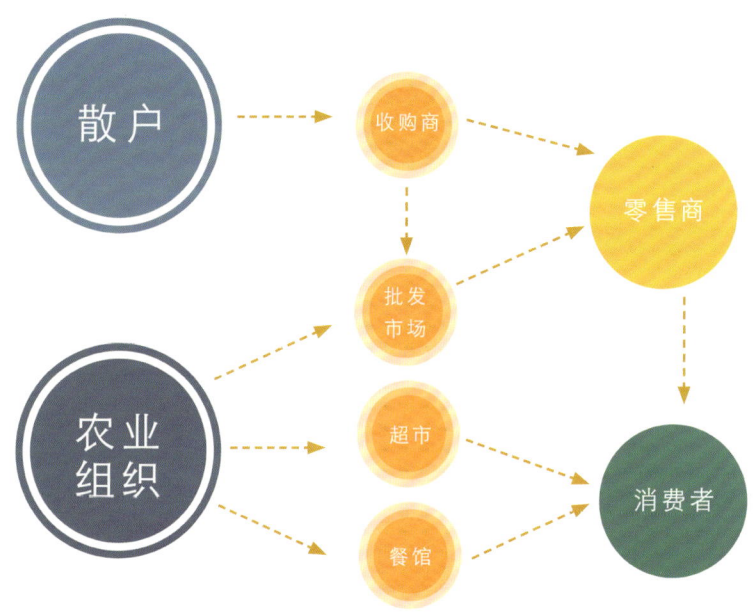

者的餐桌。

　　目前，我国的蔬菜质量安全追溯主要针对的是农业企业和合作组织。具体流程如下：首先，生产者要对农事信息进行采集，从农资产品（种子种苗、肥料、农药等）的购买，到播种、施肥、施药、灌溉，再到采收，都一一作好记录，并把数据信息输入到追溯系统里。接着，生产者要将输入到追溯系统里面的信息进行储存和统计，并将其与二维码关联，在蔬菜包装出厂之前，生产者通过追溯系统的标签打印功能，将含有企业基本信息和二维码的标签打印出来，贴在蔬菜外包装上，真正实现一品一码。最后，企业将贴有标签的蔬菜运往各大批发市场或超

生产者

记录

农事信

信息反馈

SUPERMARKET

进入超市

市，消费者就可以通过标签扫描等方式对产品进行追溯。与此同时，通过追溯系统的数据上传功能，所有的农事信息数据也将同步到服务器，这样企业和政府的管理者也可以通过后台浏览，对蔬菜的生产过程和标签的使用情况进行监控。

输入

信息关联
二维码

贴到蔬菜包装上

01 994 53 0902

这里展示的果蔬，可溯源

　　目前，广东省、广州市都建立了农产品质量安全追溯系统，可以对蔬菜产品进行追溯。

广州市农产品质量安全追溯系统是集质量安全追溯、企业信誉度评价系统、产地环境评价系统、执法巡查应用系统、档口标识展示系统、员工身份识别系统、农产品质量安全监管平台于一体的追溯管理平台。系统的前端是直接面向消费者，为消费者提供农产品溯源入口的质量安全溯源管理平台；系统的后端则是为整个平台提供溯源基础数据的农产品质量安全生产管理系统。

以蔬菜为例，在蔬菜的标签上，有一组溯源号码，这组号码相当于产品"身份证"，它是在追溯标签打印过程中，根据蔬菜的生产过程而自动生成的。消费者可以通过在前端的网站平台输入这个溯源号码来查询产品信息，也可以通过二维码扫描标签的方式来实现追溯。

系统后端的农产品质量生产管理系统是整个溯源系统的核心，为溯源系统提供原始数据。作为企业管理农产品的生产过程、检测信息、农

户信息和条码打印信息的平台，该系统实现了对农产品从产品种植到采收、包装的全程信息化管理。系统根据生产过程中所记录的农事操作，肥药用量及产品产量等以图、表的方式进行统计。用户可通过选择或输入地块名称、产品名称、肥料名称、药物名称，以及施肥、施药、采收的数量、方式、日期等信息来实现对生产档案进行浏览和管理。

监管追溯平台实现了各级监管部门对辖区范围内系统注册企业的监管，能够对注册企业的基本信息、企业资质及企业所上传的农事操作记录、检测情况、生产包装信息等进行监督管理；同时也可以对平台相关的数据进行统计分析，如对注册企业数量、检测数据的统计，对标签数量按市、区、企业进行统计；对农事操作记录按日期进行统计查询等。

此外，监管部门可以通过企业信誉评价功能对企业的产品和企业经营信誉进行审查，消费者也可以通过产品追溯功能对所购买的产品进行溯源。只要登录广州市农产品质量安全溯源管理平台，在网上追溯栏内输入追溯号码，点击查询，相关产品信息、企业信息和完整的农事档案

前端

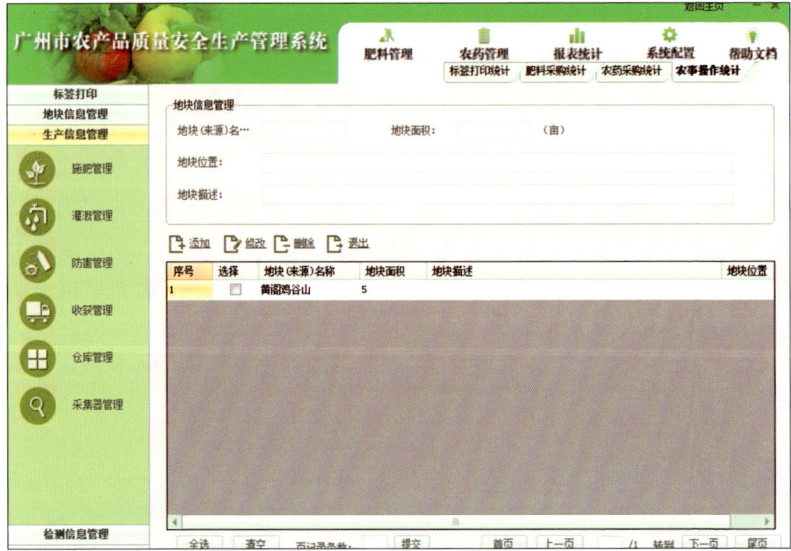

后端

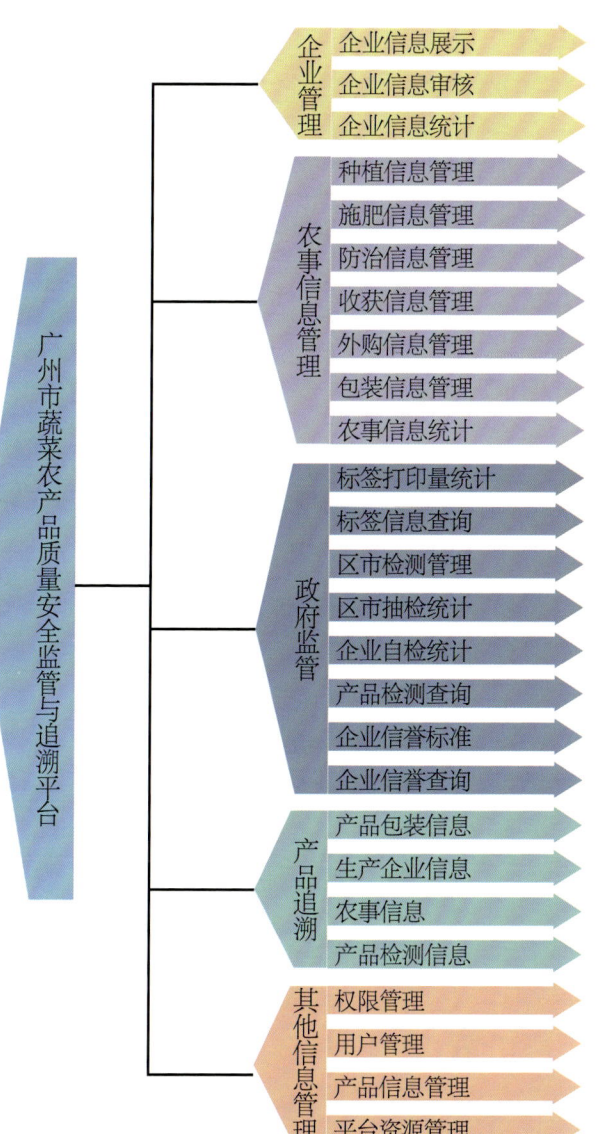

信息就会在网页上展示出来。也可以通过农事通了解大致情况，如下图所示。

在这里展示的，都是"放心肉"

从 2005 年起，广州市开始开发建设生猪屠宰肉品质量安全追溯及管理系统，该系统包括肉品定向跟踪监管系统、屠管执法案件管理系统、视频监控管理系统和肉品质量安全公共服务平台四个工作子系统。

生猪屠宰肉品质量安全追溯及管理系统自 2005 年上线运行至今，主要通过信息化手段和相应的屠宰肉市场管理规范。从屠宰场录入相关数据到肉品流通环节，直至用肉单位（学校、餐饮单位及个人），都可以进行追溯，这个系统将生猪交易市场、屠宰场、分割肉商、外来肉商、市场开办者、监管人员及社会大众链接起来，形成肉品流通监管的监管链，从肉品流通的多个环节进行不同角度的监管。

通过及时获取生猪交易批发市场的生猪养殖检疫数据、生猪交易数据、屠宰厂的肉类出厂数据、具有合法经营资格的肉类批发商的进货和出货数据及进入市场肉档进行销售的肉类数据，结合索证索票制的管

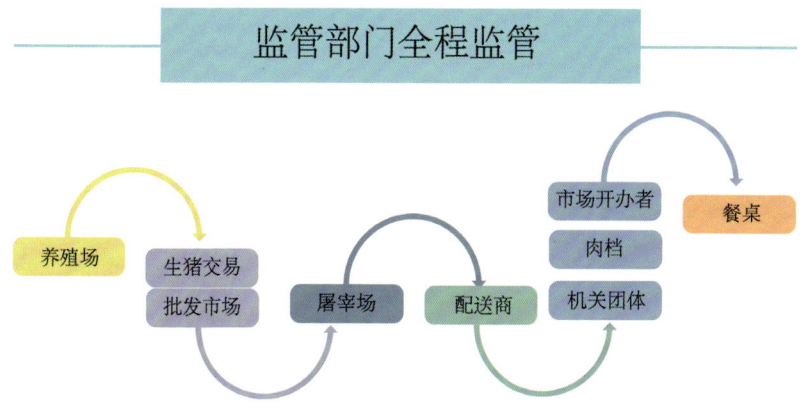

监管部门全程监管

养殖场　生猪交易批发市场　屠宰场　配送商　市场开办者　肉档　机关团体　餐桌

理及生猪准入、肉类生产，以及销售数据的匹配和分析比较，对市场上可能存在的私宰肉及不正常的肉类交易数据提出预警，协助市场管理人员及时发现可能存在的问题。此外，通过视频监控，实时监管生猪进出场、生猪待宰、屠宰环节、肉品检验环节情况，从而提高了监管人员工作效率、业务管理和协调能力，以增强屠宰场工作的透明度和责任心。另外，通过历史回放功能，对生猪交易、屠宰环节存在违法违规行为进行反向追溯、取证，有效地控制肉品品质检验和违禁药物检测制度落实不到位等问题。同时，通过互联网对本市牲畜定点屠宰厂（场）、外来肉经销商、分割肉配送商、肉品经营者的主体信息、生产经营信息进行公示，并为消费者提供肉品流通票据及信息的在线实时查询功能。

购买肉类时，应该注意什么

选购肉类时，要注意以下四点：

第一，要注意查看卫生防疫标志，再看肉体有无光泽，红色是否均匀，脂肪是否洁白和有无异味等。

第二，注意识别是否注水肉。要一看二压。先看肌肉表面——注水肉的肌肉很湿润，表面有水淋淋的亮光。再用指压判断——鲜肉弹性强，压后凹陷能很快恢复。注水肉弹性较差，指压后不但恢复较慢，且能见到液体从切面渗出。

第三，购买熟肉制品时，要仔细查看标签，如品名、厂名、厂址、生产日期、保质期、执行的产品标准、配料表、净含量等各种标识，还要尽可能选择透明性的包装。

第四，为防止买到病、死肉类，消费者应到正规的商店、超市、市场去购买，尽量不要购买私屠滥宰的肉类。

小 知 识

肉类如何保鲜？

肉类及其制品腐败变质的主要原因有 3 个：①微生物污染及生长繁殖。②脂肪氧化酸败。③肌红蛋白变色。

肉类保鲜可采取以下方法：① 2~4℃低温保藏。②晒干、腌制等脱水保鲜。③加热处理。④发酵处理。⑤防腐保鲜。⑥真空包装。⑦惰性气体密封等气调包装。⑧肉类辐射保鲜技术等。

 管住米袋子油罐子

合格的粮油，是这样做成的

粮油的安全，几乎关系到所有食品的安全问题。国家食品药品监督总局发布的《关于食用植物油生产企业食品安全追溯体系的指导意见》指出：企业可根据实际情况选择具体追溯方式，可采用电子或纸质形式记录，如采用二维码、条码、射频识别（RFID）等。下面以花生油为例，给大家介绍下，放心油是怎样面世的！

一般来说，花生油的原料进厂前必须先"体检"，只有合格的原料才能进工厂。此外，原料还要在恒温冷库储存备用，以保证其新鲜无霉变。花生等原料经过压榨、精炼的生产工艺加工成成品油，然后进入灌装、压盖、贴标、打码的包装流程，这整个过程的每一个环节都要实行质量监控。

从走进工厂的一刻起，每一批花生就有了一个"身份证"———一张

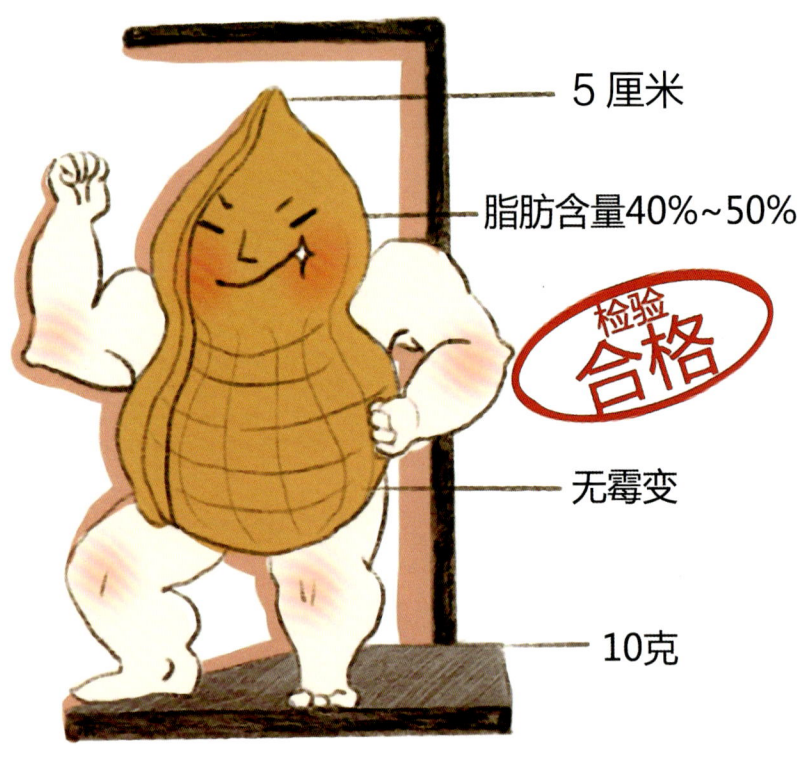

5 厘米

脂肪含量40%~50%

检验
合格

无霉变

10克

电子卡片。每到一个环节，工作人员都会"刷一刷"卡，这批花生的行踪就会自动记录在系统中——来自哪个区域、客户、卸货的位置、质量情况等。

"走"出工厂后，这些产品将通过各大经销渠道流向人们的餐桌。

由于每瓶油上都有一个二维码，只要"扫一扫"，就可查到这瓶油是由哪家经销商经销的，工厂在哪里。同时，工厂也能对每桶花生油的储存、运输过程进行全过程跟踪和可追溯管理。无论卖到哪里，都可进行紧密定位。一旦有客户反映产品有问题，就能很快检查出这瓶油的原料来自哪里等全部信息。从而能在短时间内对问题产品进行有效召回。

哪种油，才是最适合的

不同来源的植物油营养价值略有差别，但有一点是共同的：它们都富含不饱和脂肪酸，只是油酸、亚油酸和亚麻酸的比例不同。大多数植物油也富含维生素 E，并有一定数量的维生素 K。而动物油则饱和脂肪酸比例较高，维生素 E 的含量微乎其微，大多含有胆固醇。所以，"油"跟"油"真的很不一样。

要选择一瓶适合自己食用的油，一是看年龄，对于孩子和青年人来说，各种植物油脂都可以用，黄油也可以少量使用，以增添风味、改善口味，但植物奶油中的反式脂肪酸对儿童神经系统发育不利，要尽量少吃。对老年人来说，由于黄油和植物奶油的饱和脂肪酸含量过高，植物奶油中的反式脂肪酸更会增大糖尿病和心血管疾病风险，应当尽量避免使用这些油脂。对于高血脂患者来说，选择富含单不饱和脂肪酸的茶油和橄榄油更为理想，花生油和玉米油也是比较好的选择。二是看烹调方式，如果家庭中需要制作高温爆炒菜肴，应选择热稳定性较好的油脂，可以采用橄榄油、茶油、花生油和玉米油等。油炸时最好能用动物油，而且要注意控制油温，缩短煎炸时间。煎炸后的油脂要尽快用掉，不能反复煎炸和长时间存放。制作凉拌菜和炖煮菜可以选用不饱和脂肪酸含量高的油脂，如大豆油、亚麻籽油、葵花籽油、小麦胚芽油等，以充分保护和利用其中的亚油酸和维生素 E。

延 伸 阅 读

食用油的营养特点

①大豆油：有大豆特有的风味。大豆油含单不饱和脂肪酸约 24%，多不饱和脂肪酸偏高，约占 56%，维生素 E 含量比较高。它在高温下不稳定，不适合用来高温煎炸，故而往往被加工成色拉油等。

②花生油：有独特的花生风味。花生油的脂肪酸组成比较合理，含有 40% 的单不饱和脂肪酸和 36% 的多不饱和脂肪酸，富含维生素 E。它的热稳定性比大豆油要好，适合日常炒菜用，但不适合用来煎炸食物。花生容易污染黄曲霉，产生强致癌物黄曲霉素，所以一定要选择质量好的花生油。

③橄榄油：价格最为高昂。它的优点在于单不饱和脂肪酸含量可达 70% 以上。研究证实，多不饱和脂肪酸虽然可以降低血脂，却容易在体内引起氧化损伤，过多食用同样不利于身体健康；饱和脂肪酸不易受到氧化，但却容易引起血脂的上升。单不饱和脂肪酸则避免了两方面的不良后果，而且具有较好的耐热性，因而受到人们的特别重视。橄榄油可用来炒菜，也可以用来凉拌。其缺点是维生素 E 比较少。

④玉米油：玉米油也称为粟米油、玉米胚芽油。其脂肪酸组成与葵花籽油类似，单不饱和脂肪酸和多不饱和脂肪酸的比例约为 1∶2.5，特别富含维生素 E，还含有一定量的抗氧化物质阿魏酸酯，它降低胆固醇的效能优于大豆油、葵花油等高亚油酸的油脂，也具有一定的保健价值。玉米油可以

用于炒菜，也适合用于凉拌菜。

⑤调和油：调和油由脂肪酸比例不同的植物油脂搭配而成，可取长补短，具有良好的风味和稳定性，价格合理，适合于日常炒菜使用。

好大米的标准

有道是"湖广熟天下足"，广东历来是盛产稻米的鱼米之乡。判断广东的大米好不好，主要有三点：一闻二观三吃。一要先辨别米饭气味；二要观察米饭外观，即米饭表面颜色，光泽和饭粒完整性；三要辨别米饭的适口性和滋味，品尝米饭黏性、软硬度、弹性。那么，什么样的大米才是"广东好大米"？

2016 年 9 月启动的首届"寻找广东好大米"调研活动，似乎给出了答案。数十位专家学者经过半年的探访，从 13 个广东优质大米生产基地实地调研，通过测试、品鉴数百种大米品种，确定了"广东好大米"的标准共识，即：①米粒细长，米饭清香，饭粒完整油分足。②米饭爽滑，软硬适中，软而不黏。③饭味足，热饭冷饭口感、饭味变化小。

在我国，大米还有统一的国家质量标准。这些标准，通常适用于收购、销售、调拨、贮存、加工和出口的商品大米。由于稻谷的种类不同、加工大米的精细度也各异，优质大米是需要达到国家标准中优质大米的质量指标要求的。例如，一级籼米的碎米总量不能超过 5%，小碎米不能超过 0.2%，垩白粒率为 10% 内，品尝评分不低于 90 分，水分不高于 14.5% 等指标。一级加工精度，则要求大米背沟无皮，或有皮不成线，米胚和粒面皮层去净的占 90% 以上等。

延 伸 阅 读

国家标准中优质大米的质量指标要求

品种	籼米			粳米			籼糯米			粳糯米		
等级	一级	二级	三级	一级	二级	三级	一级	二级	三级	一级	二级	三级
加工精度	对照标准样品检验留皮程度											
碎米 总量/% ≤	5.0	10.0	15.0	2.5	5.0	7.5	5.0	10.0	15.0	2.5	5.0	7.5
碎米 其中小碎米/% ≤	0.2	0.5	1.0	0.1	0.3	0.5	0.5	1.0	1.5	0.2	0.5	0.8
不完善粒/% ≤	3.0		4.0	3.0		4.0	3.0		4.0	3.0		4.0
垩白粒率/%	10.0	20.0	30.0	10.0	20.0	30.0	—	—	—	—	—	—
品尝评分值/分	90	80	70	90	80	70	75					
直链淀粉含量（干基）/%	14.0~24.0			14.0~20.0			≤2.0					
杂质最大限量 总量/% ≤	0.25		0.3	0.25		0.3	0.25		0.3	0.25		0.3
杂质最大限量 糠粉/% ≤	0.15		0.2	0.15		0.2	0.15		0.2	0.15		0.2
杂质最大限量 矿物质/% ≤	0.02											
杂质最大限量 带壳颗粒（粒/千克）	3		5	3		5	3		5	3		5
杂质最大限量 稻谷粒（粒/千克）	4		6	4		6	4		6	4		6
水分/% ≤	14.5			15.5			14.5			15.5		
黄米粒/% ≤	1.0											
互混/% ≤	5.0											
色泽、气味	无异常色泽和气味											

有效监管的水产品

水产品包括从大海中捕捞的鱼类、甲壳类海鲜、人工饲养的鱼、虾、蟹等。影响水产品质量安全的主要因素有：①物理性污染，如人工或机械等因素在水产品中混入杂质或因水产品因辐射和水域水质污染导致的污染。②化学性污染，如不合理使用农药、渔药、兽药、添加剂、保鲜剂、化学投入品等造成的残留。③生物性污染，如致病性细菌、病毒以及某些毒素。④因食品防护措施疏漏而造成的人为污染或因时间温度或气候因素造成的腐败变质。

水产品是这样追溯的

水产品追溯系统可分为环境评估与基地选择、养殖管理、饲料及添加剂和原料验收、生产加工过程、储运监装、环境及产品检测监督几个部分。具体情况如下：

（1）环境评估与基地选择

提供养殖环境的基层土壤检测报告、水域水质检测报告。

（2）养殖管理

详细记录从育苗、投放、养殖到收获、宰杀分割的所有环节，保证所有的环节有据可查，建立农兽药发放、使用、库存、回收等记录，加工前进行农兽药残留检测，并有可以追溯的检测报告，以上记录整理输入数据库中。

（3）饲料及添加剂和原料验收

进厂后凭分析检测报告和基地送货证明验收，填写验收结果记录，将原料验收情况录入数据库中。

（4）原料储存

进厂检验合格的原料必须以来源基地为单位单独挂牌标识（追踪标

识卡）存放，并做好入库记录，并将储存信息录入。

（5）生产加工过程

加工车间根据标识追踪卡信息做好加工过程记录，加工过程确立批次号，通过批次号进行追溯。

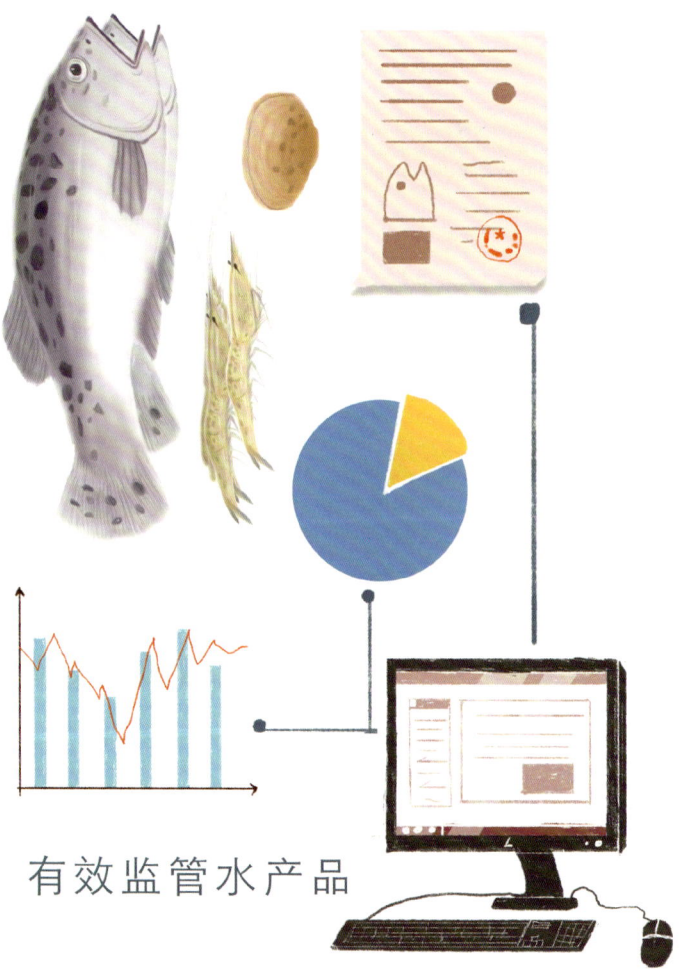

有效监管水产品

（6）包装

产品包装箱上明确标识原料基地备案号、生产日期、批次等便于追溯的相关内容。

（7）储存管理

产品入库后必须以基地、批次为单位挂牌标识。

（8）运输监装

产品出售或出口时实施监装，并按规定填写监装记录，形成可追溯的资料。

（9）环境及品质检测监督

包含基地环境监测报告、加工前检测报告、原料验收检测报告、半成品检测报告、成品检测报告。将检测报告信息录入数据库中。

通过完备的追溯系统，实现了从基地、种苗、养殖、捕捞、加工、质控以至包装、储存、监装、终端销售的全过程的所有有效信息的集中，从而能准确地追溯每个环节发生的问题，对水产品生产进行全过程的有效监管。

水产品的追溯平台

广东省水产品质量安全管理与溯源系统（http://www.gdfishtrace.com.cn/）是一个面向政府、企业和消费者的追溯监管平台。

平台开发了水产品质量安全的养殖、加工、流通管理系统。水产企业可以通过平台对水产养殖环节、加工包装环节、运输物流环节、市场批发销售环节等进行管理。

在确定各环节的管理基础上，这个平台利用数字加密技术及条码技术为支撑，以养殖信息、加工信息、流通信息、销售信息为基础，建立养殖企业、加工企业、流通企业数据库，形成中央监管数据库，从而实现整个水产品供应链的有效监管。

此外，该平台还开发了集流通、追溯、监管防伪于一体的水产专用标签，消费者可以通过网站、短信和触摸屏等多种方式对水产品进行信息查询。

挑选水产品时，要注意哪些

由于水产品中的污染物不能靠烹饪加热去除，也不知野生的河鲜其生长环境是否受到污染，所以在挑选时要多费心，尽量从规范的销售渠道购买食物。不要随便吃野生食物，更不要购买来历不明的食物。

海鲜是否美味，新鲜与否最关键。那么，如何挑选既新鲜、又优质的各类海鲜呢？下面，给大家简单介绍挑选这四类海鲜的方法。

（1）选鱼

鉴别鱼是否新鲜，首先，看鱼的体表和鱼鳃。鱼眼睛饱满凸出，眼膜健全、透明清亮的，鱼鳃是鲜红的，是鲜鱼。其次，鲜鱼的体表没有伤痕，没有不明黏液。若鱼鳃已经发白、有许多黏液，说明鱼不新鲜。最后，挤压鱼肉不会凹陷下去，且立即反弹的，说明是新鲜的；反之，则不新鲜。

小知识

鱼头中重金属含量真的很高吗？

影响重金属在鱼头中积累的因素有很多。第一，如果养殖环境清洁，没有重金属来源，就不存在累积甚至超标的问题。第二，养殖鱼类一般生产周期较短，其累积时间远远短于野生鱼类。第三，脑在鱼头中只占极少比例，即使有个别重金属元素积累量较高，也不会因食用鱼头导致人体摄入重金属过量的风险。因此，也不用过于担心。

（2）选虾

鲜虾的体表和腹肢不发黑，头部和表面不发红，头、胸甲与虾肉连接在一起。虾壳硬，不易用手剥开，有光泽的虾肉质比较鲜美。久置的虾，是很容易用手剥开的。此外，游得越快的虾，越强健越新鲜。

（3）选螃蟹

能迅速翻身的螃蟹说明非常健康，否则，则生命力不强。此外，用大拇指挤压蟹脐顶端腹壳，如果是硬的，说明肉质肥厚。

（4）选贝类

有贝肉伸出来，用手碰一下就收回去的，说明贝类是新鲜的。如果贝没在水中，可以用手拍一下壳，如果马上闭合，则说明贝是鲜活的。

延 伸 阅 读

为什么有的人会对海鲜过敏？

海鲜之所以会引起某些人过敏，主要是因为海鲜中富含一种或几种过敏原蛋白。这些过敏原能直接或间接地刺激机体免疫系统，并引起组织胺、肌肽等一些化学介质的释放，继而产生一系列复杂的生物化学反应，最终引发人体产生各种过敏症状。但不同的海鲜其过敏原蛋白并不相同，而且含量也有很大差异。例如，鱼肉中的一种小清蛋白、虾蟹等甲壳类及软体动物肌肉中的原肌球蛋白、精氨酸激酶等。因此，对一种鱼过敏并不意味着对其他鱼过敏，更不意味着对虾蟹也过敏。

由此可见，如果对一种海鱼过敏，仍然有机会安全地吃到美味的虾蟹等，甚至可以吃三文鱼等其他品种的鱼。此外，有些鱼在储藏的过程中易发生自溶现象，并释放出组氨酸，在微生物产生的酶的作用下形成组胺，当组胺积累到一定程度，人食用后就容易发生过敏现象。

五 梦想，并不遥远

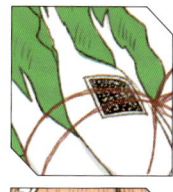

▐ 不断完善的追溯制度

疯牛病引发的追溯

提起现代的食品安全可追溯系统，不得不提起 20 世纪 80~90 年代欧洲发生的那几场"疯牛病"。1985 年 4 月，在英国肯特郡

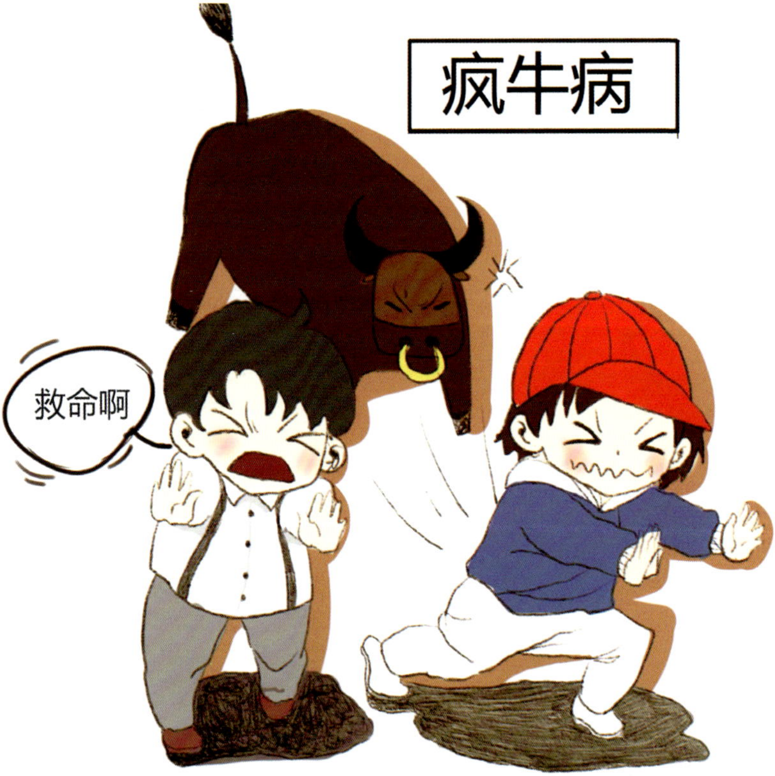

发现了第一例有记录的疯牛病，经美国农业部科学家研究，于1986年11月正式确认该头疯牛所感染的是牛海绵状脑病（BSE），且追查出感染的来源可能是饲料。1990年，英国政府为追查疯牛病病因，成立了疯牛病研究调查专门委员会，追溯调查引发疯牛病的病源，由此慢慢形成了追溯制度的雏形。1996年，出现第二次疯牛病危机，英国、爱尔兰、瑞士等陆续出现疯牛病。由于欧盟无法确定疯牛病是否会感染人类，于是决定引入追溯制度以应对疯牛病。1997年，首个食品安全可追溯系统问世。

经过20多年的实践，食品安全可追溯系统已日渐成熟，逐渐形成了以政府主导推动为主，覆盖食品生产基地、食品加工企业、食品终端销售等整个食品产业链条的上下游，通过物联网进行信息共享，服务于最终消费者的体系。一旦食品质量出现问题，消费者便可通过食品标签上的溯源码进行联网查询，从而查出该食品的生产企业、食品的产地、具体农户等全部流通信息，明确事故方相应的法律责任。

食品安全可追溯系统的建立和完善对食品安全与食品行业的自我约束也有相当重要的意义，欧盟、美国、日本以及我国等多个国家和组织也逐渐建立了相关制度。

法律助力，不得不为

在欧洲，早在1991年颁布的《欧洲有机法案》就要求为每一地块建立农药、肥料等使用情况档案，以监控有机农产品的生产过程。2000年7月，欧洲议会、欧盟理事会共同推出EC1760/2000法令《关于建立牛科动物检验和登记系统、牛肉及牛肉制品标签问题》，要求欧盟及其主要成员国从2001年1月起建立牛肉制品追溯系统。2001年10月，欧盟委员会通过2065/2001号法规，规定自2002年1月1日起，所有进口水产品必须标明名称、生产方式和捕捞区域等信息，以保证产品的可追溯性。2005 年 1 月，欧盟进一步要求在欧盟内销售牛肉制品、生鲜水果和蔬菜都必须具备可追溯性，禁止不具备可追溯性的食品进口。

在美国，2002 年通过的《公共卫生安全和生物恐怖准备与反应行为》，将食品安全上升到国家安全战略的高度，提出"从农场到餐桌"的食品风险管理。2005—2009 年，美国通过国家动物识别系统（National Animal Identification System，NAIS），逐步实现全国范围内动物养殖、加工、运输的可追溯管理。NAIS 包括三个核心环节，分别是养殖场注册、动物标识和信息跟踪。动物养殖场向各州提交相关信息以获得唯一的养殖场编号；已注册的养殖场从官方获取动物识别标签，并向 NAIS 数据中心提交养殖过程信息；由于养殖、加工、销售等因素导致的位置变动，涉及的养殖场编码、屠宰场编码、动物标识，以及转运信息都需及时更新到数据库中。

在日本，为应对疯牛病，日本于 2001 年建立了肉牛可追溯系统。2002 年 5 月，日本政府制定了牛肉身份证制度，消费者通过互联网，即可获知牛品种、养殖、屠宰及流通过程信息。2002 年 6 月，日本将食品追溯系统延伸至大米、牡蛎产业，消费者通过大米包装上的电子标签可以了解大米的产地、生产者、生产过程中使用农药和化肥，以及加工等具体信息。2003 年 6 月立法通过了《牛个体识别信息管理及联络特别措施法》，其中规定了牛肉销售履历表制度，要求自 2003 年 12 月1 日起，在所有牛肉包装上必须具有八大内容的履历表。2006 年年底前，日本对蔬菜、肉类等农产品实施了身份编码识别制度，以方便消费者查询产地、生产者、化肥及农药使用等详细信息。

在我国，食品安全可追溯系统也日渐成熟。2002 年我国农业部发布了《动物免疫标识管理办法》，要求猪、牛、羊必须佩带免疫耳标，并建立免疫档案管理制度。2003 年国家质检总局启动"中国条码推进工程"，对部分蔬菜、牛肉产品进行编码。2004 年国家质检总局发布了《食品安全管理体系要求》与《食品安全管理体系审核指南》。农业部启动的"城市农产品质量安全监管系统试点工作"，重点开展农产品质量安全追溯体系建设。2017 年国务院办公厅发布了《2017 年食品安全重点工作安排》，对全国食品安全重点工作做出部署，强调用"最严谨的标准、最严格的监管、最严厉的处罚、最严肃的问责"，严把"从农田到餐桌"的每一道防线。如今，国家工业和信息化部、农业部、国家食品药品监管局等部委和各省都在推动建立食品药品的可追溯平台，并取得了不少经验。

现实，并不完美

随着经济发展和生活水平的提高，人们的饮食习惯也悄然发生变化，由以前要求"吃得饱"逐渐转变到"吃得好"，除了讲究营养搭配外，还逐渐追究起舌尖上的美食安全来。一旦出现食品安全问题，就要"打破沙窝问到底"。

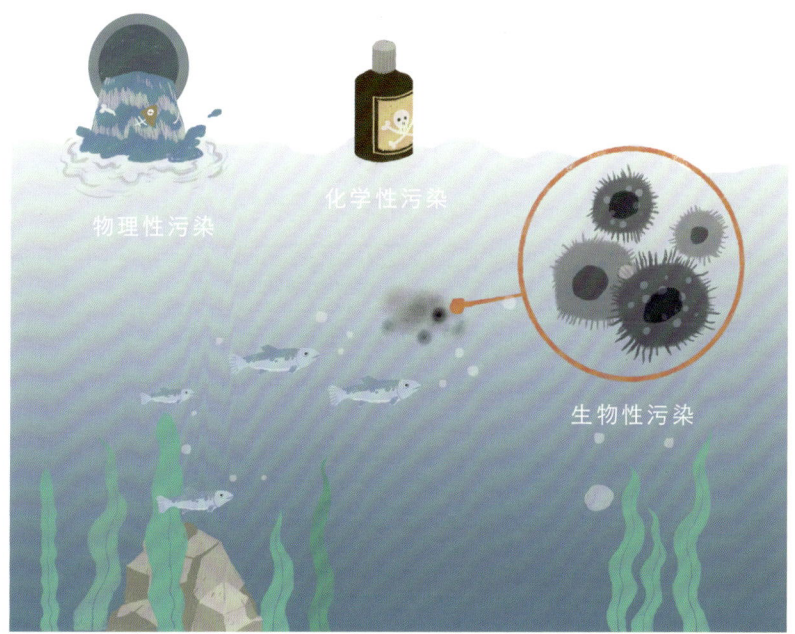

食品安全是一个专业性很强的领域，涉及面很广，如食品科学、监管制度、企业管理和行业现状等多方面。当出现食品安全问题时，就可能涉及其中一个或几个方面。如造成食源性疾病、化学性污染、非法添加和滥用食品添加剂等食品安全问题的原因，主要是产地环境污染、不当使用农业投入品、违规使用食品添加剂和非法添加物、农兽药生产经营管理不到位，食品生产经营者守法成本高、违法成本低等因素。

然而，由于各种原因，目前我国的食品安全可追溯制度建设的现状并不理想，我们仍无法彻底地解决这些问题。

（1）立法尚需完善

在与食品安全有关的法律体系中，只有《中华人民共和国食品安全法》第四十二条提出国家建立食品安全全程追溯制度，要求食品生产者应当建立食品安全追溯体系，保证食品可追溯；在《农产品质量安全法》第二十四条要求农产品生产企业和农民专业合作经济组织应当建立农产品生产记录；在《食品召回管理办法》中包含了产品追溯的内容。但这些法律法规还缺乏完善的配套制度，实操性不够强，同时还缺乏强有力的惩罚措施，对违反相关规定行为的处罚震慑力不足。

（2）系统众多难统一

区域分割，缺少全国统一的、覆盖全程的食品安全可追溯制度。由于食品生产销售的全国性决定了食品安全可追溯制度是一项全国性的系统工程，其建立运行需要一支全国性的、专门的机构具体负责。此外，还需要采取覆盖全国的统一信息平台，并做到覆盖全程，才能保证有效监管。目前，我国部分地区已经开始针对某类食品推出本地食品安全可追溯制度，但这种区域分割、各成一体、品种单一的可追溯制度具有信息不共享、范围过小、难以全程追踪、追溯成本高等不足，对于解决我国食品安全问题既显得杯水车薪，又不利于资源优化配置。

（3）信息公布不健全

食品安全可追溯制度是一项高度依赖现代信息技术的制度，信息公布是食品安全可追溯制度的核心，是消费者知情与监督的关键。目前，大部分企业采用条形码加简单信息的形式，消费者在标签上只能得到简要的信息，想要对整个生产流程进行追溯，非常困难。由于可追溯数据的录入、跟踪主要是凭借市场主体的自觉自律，追溯信息的完整性不足、追溯数据也不能共享等信息公布机制不健全，降低了食品安全可追溯制度的运行效率。

（4）企业参与程度低

由于我国多数食品生产企业还是以中小型企业和小作坊为主，普遍存在着生产集约化程度不高、生产技术水平参差不齐、生产经营方式比较落后和资金实力有限等问题，出于生产成本等因素的考虑，许多中小型企业尚未建立食品可追溯系统。

（5）网购监管存漏洞

由于物流、快递过程中包装破损受污染等都可能存在一定的安全隐患；进口食品也存在各种质量安全问题难以监管，如微生物污染、食品添加剂不合格、重金属超标、检出有毒有害物质、携带有害生物、农兽药残留超标和标签不合格等。

总之，严峻的现状，再加上人们对食品安全及可溯源的认识、判断存在差异，导致信息真假难以分辨，容易造成误会，甚至引起恐慌。从理论上说，要解决这些问题，急需建立一整套基于全程监管的、科学有效的食品安全管理机制。健全食品安全可追溯系统，迫在眉睫。

理想的可追溯系统

理想中的食品安全可溯源系统，是利用信息化手段，构建的一个全产业链的信息共享平台。这个平台功能很强大，既能快速高效地管理食品安全信息，又可及时发现并有效处理不合格产品，同时还能提高消费者的安全意识，以及增强企业及各个环节相关人员的自律性。

通过这个平台，政府管理者利用溯源手段、监管部门通过收集的大数据，可以实现从源头到成品再到销售整个过程的监管，对企业的生产过程进行监控，可在食品企业的任意一个可能出现食品安全问题的环节随机抽查，及时发现、处理质量安全的隐患，促使企业良性生产，从而提高监管效率。

通过这个平台，企业应用可追溯技术，能履行主体责任，规范管理，加强各环节的管控，分清各生产环节的责任，从源头避免食品安全事故发生，对提高食品安全可信度、提高企业竞争力和建立品牌信誉都有利，并可为管理者提供决策支持。

通过这个平台，消费者可以在客户终端通过互联网了解所购产品的全部信息，满足了消费者的知情权和选择权，使得商品来源可溯、信息可查，让消费者安心消费，为保护消费者权益提供了有效手段。

理想中的食品安全可溯源系统，能作为食品安全监管的工具，像一双无处不在的眼睛，可以洞察食品生产、运输和销售等一切过程，在第一时间给消费者、企业生产者、监管者提供最准确的信息，并及时指导

相关部门人员采取相应措施。在这样的系统管理下，一切不幸的食品安全事件将会被消除在萌芽状态！

以食用农产品为例，让我们设想一下这幅图景：在所有食品原料还是种子的时候，就有一双眼睛盯上它了——何时埋进土里，施了哪种肥料？发芽后，何时施了哪种农药和肥料，施了多少量？长出来的农产品，何时采摘、怎样运输，最后如何摆上我们的餐桌——我们只要通过扫描它的"身份证"，就知道了它的全部过程。这样一来，在监管部门、企业生产者等各个环节的努力下，生产出来的农产品，就一定是安全可靠的。这样一来，我们不需要掌握复杂的化学知识，也不需要甄别食品的良莠，就能吃上安全可靠的食品了。

② 安全饮食不是梦

小故事

网络段子，警示着食品安全危机

曾经几何，网络上流传了这样的段子。"从大米里我们认识了石蜡，从火腿里我们认识了敌敌畏，从咸鸭蛋、辣椒酱里我们认识了苏丹红，从鱼里我们认识了孔雀石绿，从火锅里我们认识了福尔马林，从银耳、蜜枣里我们认识了硫黄，从木耳中我们认识了硫酸铜，从油条里我们认识了地沟油，从奶精里我们认识了反式脂肪酸，从味精里我们认识了谷氨酸钠，从方便面调料里我们认识了化学调味料，从超市的精装蔬菜里我们认识了漂白剂、pH调整剂和抗氧化剂，从银鱼里我们学到了甲醛的化学性质，而三鹿奶粉又让我们知道了三聚氰胺的化学作用。"这个段子虽然有点夸张，却反映了我们所面临的食品安全危机。

如何解决这些问题，事在人为。《2017年食品安全重点工作安排》指出：完善食品药品安全监管体制，加强统一性、专业性和权威性，充实基层监管力量；实行综合执法的地方，要把食品药品安全监管作为首要职责。

当整个食品的产业链都在一个无形的网络严密监控下运行，食品安全还会得不到保障吗？我想，这不是没有可能的。因为，只要我们意识到食品安全的重要性，切实做好每一个环节，齐心协力就能办到的。

齐心协力，共创美好未来

要建立统一权威的食品安全监管体制，我们可以尝试三管齐下：

第一，先试验后推广。"摸着石头过河"，还要选好"石头"。目前的食品质量安全可追溯的体系建设，还只是"万里长征走完了第一步"。由于我们国家地域辽阔，不同地区的生物具有多样性，食品生产企业数量种类繁多，再加上企业的产品、生产规模、生产方式等情况各异，一开始就"大张旗鼓"会导致"众口难调"。以农产品质量追溯体系建设为例，在选择试点时，可考虑两个方面。一方面，在部分地区选取经济价值较高的农产品进行追溯试点；另一方面，先选取生产规模大、推行质量可追溯条件相对成熟的企业开展试点。待总结试点的经验和问题以后，再逐步向其他地区和其他产品进行推广，这样才能取得事半功倍的效果。

第二，政府积极引导。为了做好食品安全可追溯体系的建设，我们还要发挥政府在追溯体系建设中的"火车头"作用。火车跑得快不快，全靠车头带，政府部门就是要担当起火车头的作用。首先，政府要建立和完善与食品安全相关的制度，加强管理，严格执法，加大企业的违法成本，从制度上提供保障；其次，政府要积极促进线上、线下融合，引

食品安全可追

企业

政府

导企业将追溯体系建设与信息化改造升级结合，鼓励企业以建设追溯体系为契机，提高信息化、智能化管理水平；最后，政府还可以先投入一部分资金进行基础建设。由于在食品安全可追溯体系建立的初期，需要投入大量的硬件设备和软件开发费用，如果单纯让企业投入，由于所需成本较高且不能马上获得效益，企业缺乏主动建立和加入追溯体系的内

统

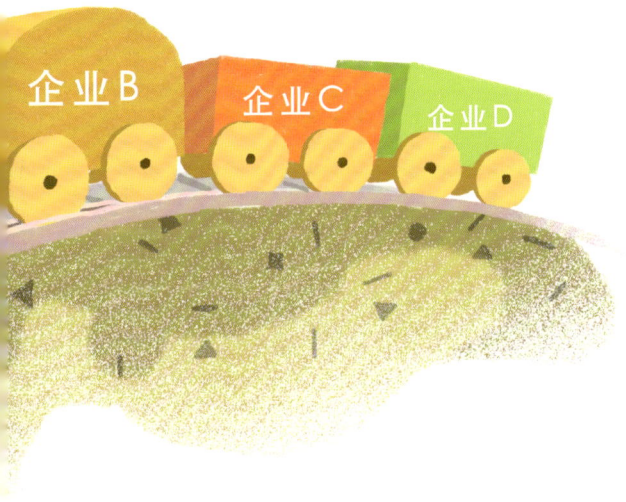

在动力。在这种情况下，如果政府发挥火车头作用，先投入资金建设硬件设施和软件开发系统，把火车给开动起来，再以奖励和扶持等方式鼓励企业"搭便车"，吸引更多的企业自愿加入。待时机成熟后，再可推"检票"系统——食品质量安全可追溯标签。为了保证食品的安全，没有"买车票"的企业不能"进站"销售，这样一来，可能督促所有企业加入到食品安全可追溯体系中来。

第三，统一平台，互联互通。从当前的食品质量安全监管现状来看，我们不是没有火车头，而是很多火车头。这下麻烦大了，要听这么多火车头的指挥，火车不知道往什么地方开了。目前，不同地区、不同部门都在组织开发不同的可追溯系统，由于缺乏统一标准的引导，可追溯系统的兼容性差，相互信息独立、不能共享，导致资源浪费、企业无所适从。即便是少数地区和产业链已经建好的可追溯系统，也面临同样的情况。因此，必须解决好不同主体间可追溯体系兼容性问题，推进可追溯体系互联互通，按照统一规划、科学管理原则，采用大数据、云计算、对象标识与标识解析等信息技术，逐步建设各级重要产品的可追溯管理平台。与此同时，建立可信数据支撑体系，确保可追溯信息的真实性和有效性，强化可追溯信用监管。

《2017年食品安全重点工作安排》中提出，由国务院食品安全办、食品药品监管总局牵头，中央编办配合，建立和完善统一、专业、权威的食品安全监管体制，将大大充实基层的监管力量。如此一来，全程监管的食品安全可溯源系统，就可以发挥作用了。

例如，建立全国统一的可追溯管理信息平台、制度规范和技术标准，先选择苹果、茶叶、猪肉、生鲜乳、大菱鲆等几类农产品统一开展追溯试点，逐步扩大追溯范围。同时力争"十三五"末农业产业化国家重点龙头企业、有条件的"菜篮子"产品及"三品一标"规模生产主体率先实现可追溯。当品牌影响力逐步扩大，生产经营主体的质量安全意识明显增强时，农产品质量安全水平也会随之稳步提升。

在这方面，广东省走在了前列。《广东省加快推进重要产品追溯体系建设实施方案》提出，到2018年，初步建成在全国领先的重要产品可追溯体系，实现可追溯系统与社会管理系统、企业服务系统、民生服务系统逐步对接。到2020年，全省"来源可查、去向可追、责任可究"的重要产品可追溯体系基本建立，初步实现跨部门、跨区域、跨环节的全过程可追溯信息互联互通。

近年来，广东省农业厅不断大力推进全省"三品一标"的认证申报、监督管理、基础建设、宣传培训、市场开拓等工作，使广东特色现代农业得以加快发展。据报道，2017 年广东省在全国率先实施绿色食品标识使用省市级审查制度，出台了《广东省农业厅绿色食品标识使用审查的实施办法》和《广东省农业厅绿色食品续展审查实施细则》，并建立了"三品一标"的质量安全监管预警机制。

广州市食品药品安全"十三五"规划提出，到 2020 年，广州将建立食品药品监管溯源系统，建设全市统一的食品药品安全可追溯平台，以重点监管品种为切入，实现"全部品种可查询，重点品种可追溯"。

食品专家，也将无处不在

有人说，食品安全可追溯技术是一双能洞彻一切秘密的"千里眼"；也有人说，食品安全可追溯系统将是终结食品安全危机的"终极武器"。无论哪种说法，在我看来，拥有了食品安全可追溯系统，不仅食品安全能够得到保障，而且人人都将成为鉴别食品的专家。这不，大家不妨畅想下这些场景：

在食品安全可追溯系统统一管理下，生产方的生产过程依旧。不同的是，呈现在大家面前的可能不是产品的自身，而是通过标签和代码录入信息库的信息。人们可以按照自身需要，随心所欲地从信息库中选择自己所需的产品；可以根据各自的口味、营养、价格条件等类别，检索并锁定所需的产品，最后通过网络实现购买。

由于每个食品的二维码是独一无二的，食品的信息也是唯一的。如果想知道食品的"身份"，只需拿起手机扫描一下食品的二维码，就可了解得一清二楚。去超市买把有机蔬菜，我们就可以浏览到该蔬菜的种植时间地点、种植环境、是否施肥打药、采摘时间、运输方式等全过程追溯信息。还可以查看各地种植蔬菜的基地内的场景。

1. 种植时间、地点
2. 施用过的化肥、农药
3. 采收时间

　　去餐厅吃饭点菜也可如此。如果想点一道海鲜拼盘或是滋补养生汤，服务员会提供本餐厅所有食品原材料的二维码，轻松"扫一扫"就得知了鱼、虾、菜的"身份"，产地、生产、加工、流通的全过程，以及价格等尽收眼底，任君选择。

安全聚餐，亦可随手拈来

暑假快结束时李教授带着小明去了趟农科院。在这里，小明了解了植物生长的过程、看到了水培蔬菜的整个过程，还参观了无公害农产品展销部。农村出身长大的小明不由得感慨道：原来农产品是不需要土壤也可以长出来的。穿过一个长廊，一眼看到一堆从未见过的形状各异、奇特新鲜的蔬果，原来这里是特产展销小超市。李教授介绍到，这里的每一个农产品，都是通过品种选育出来的；每包产品的底细，都可以通过扫描标签查到的。李教授还说，在未来，我们每一个人不仅在餐厅可以随意点到自己想要的各地菜，在家中，也一样可以吃得到。

这一夜，小明睡得很香，做了一个很甜美的梦……

梦到自己来到了 2050 年，小明打开家门，客厅的智能灯应声而开，只听到墙壁里传来了柔柔的女声："主人，晚上好！您定制的晚餐将在 15 分钟内送达。有岭南养生汤、江村白切鸡、碧绿烩东星、蒜蓉菠菜、水东芥……分量够您一家四口今晚食用。由于您的血脂偏高，建议您以清淡饮食为主，多吃果蔬，少吃些肥腻食物。祝您用餐愉快！"刚在餐桌前坐定，门铃声即起，身着广州酒家制服的送餐员托盘而入，一道道美食呈现在眼前。一家人大快朵颐了起来……

晚饭后，想起明天要在家宴请老朋友一家，小明按下遥控器，柔柔的女声又出现了："主人，请问您需要些什么？""明天中午要请客，12个人吃饭。推荐几道广府菜吧。""好的，您喜欢吃的广府菜有白切鸡、蜜汁叉烧、清蒸石斑鱼、菠萝咕噜肉、鱼头豆腐汤、蚝油生菜……请选择。"墙壁上的智能触摸屏随即出现这几道菜的图片。"我要白切鸡、蜜汁叉烧、鱼头豆腐汤……""主人，请问您是自己下厨，还是要点广州酒家的？""自己下厨。嗯，还想做道洞庭鱼头……现在哪里的鱼最适合做鱼头？""现在河源万绿湖的水库鱼最鲜美，最适合。请看视频。价格是 × 元 / 千克。还有洞庭湖的鱼，价格是 × 元……"墙壁上随即呈现

出各个水库的鱼正在水中欢腾的视频。每条鱼身上，还带着一个标签和编号。"那我要河源万绿湖的6号水库鱼鱼头。""主人，6号鱼鱼头大约有6千克重，太多了。3千克左右的鱼头就够12人吃了。3千克左右的鱼头有1号、9号……""那9号如何？""9号鱼正好。它跟上周您吃的是同一代的鱼……""11号鸡走了1 207 891步，肉质不硬不松、正适合做白切鸡"……"现在下单，明天早上10：00送到家里。""好的，主人。"

　　这是梦？这也不是梦。这是终究会因食品可追溯系统应景而生的一幕。人类认知我们周边世界的过程，就是一个画圈的过程，圈越变越大的时候，知道得越多，未知的也会越多。食品安全可追溯体系的建立也是这样一个过程。我们解决了很多问题，但是同时我们也有更多的问题等待去发掘。随着各级政府对可追溯技术在食品安全监管上的推广应用，可以预见的是，在不远的将来，可追溯技术将广泛用于食品安全的保障。在不久的将来，这一切都可能发生在我们的身边。